普通高等教育"十三五"规划教材

数据挖掘学习方法

王玲 编著

北 京

冶 金 工 业 出 版 社

2019

内 容 提 要

本书系统地介绍了数据挖掘的方法和技术，主要内容包括：决策树挖掘；关联规则挖掘；逻辑回归；神经网络；聚类分析；支持向量机；降维；异常检测等。每一章都会涉及学习要点、学习难点和思考题，希望能使学生对数据挖掘的整体结构、理论、概念、技术和方法有深入的认识和了解；掌握数据挖掘的技术、方法及数据挖掘应用系统开发，了解数据仓库和数据挖掘技术的研究问题、现状及未来的研究方向。并且结合具体案例的分析，实现数据挖掘的功能。希望学生在创新意识、科研能力等方面得到提高。

本教材可供自动化及相关专业本科生及研究生使用，也可供从事自动化技术的科技人员参考。

图书在版编目（CIP）数据

数据挖掘学习方法/王玲编著 . —北京：冶金工业出版社，2017.8（2019.1 重印）

普通高等教育"十三五"规划教材

ISBN 978-7-5024-7545-1

Ⅰ.①数… Ⅱ.①王… Ⅲ.①数据采集—高等学校—教材 Ⅳ.①TP274

中国版本图书馆 CIP 数据核字（2017）第 157867 号

出 版 人　谭学余

地　　址　北京市东城区嵩祝院北巷 39 号　邮编　100009　电话　(010)64027926

网　　址　www.cnmip.com.cn　电子信箱　yjcbs@cnmip.com.cn

责任编辑　戈 兰　夏小雪　美术编辑　彭子赫　版式设计　孙跃红

责任校对　石 静　责任印制　李玉山

ISBN 978-7-5024-7545-1

冶金工业出版社出版发行；各地新华书店经销；北京印刷一厂印刷

2017 年 8 月第 1 版，2019 年 1 月第 2 次印刷

787mm×1092mm　1/16；9.25 印张；218 千字；135 页

32.00 元

冶金工业出版社　投稿电话　(010)64027932　投稿信箱　tougao@cnmip.com.cn

冶金工业出版社营销中心　电话　(010)64044283　传真　(010)64027893

冶金书店　地址　北京市东四西大街 46 号(100010)　电话　(010)65289081(兼传真)

冶金工业出版社天猫旗舰店　yjgycbs.tmall.com

（本书如有印装质量问题，本社营销中心负责退换）

前　　言

数据挖掘是一门与数据库、统计学、机器学习等多学科交叉的新兴科学，旨在从数据中抽取隐含的、未知的和潜在有用的信息，在商业、金融、医学、科学研究、工程与政府部门管理都有广泛应用。一本详细设计、强调概念、技术丰富而平衡的数据挖掘教材将会为今后从事数据挖掘研究的学生研究、开发与使用数据挖掘技术提供好的指导方向。

根据数据挖掘课程的定位和教学基本要求，我们遵循实用、简单、够用的原则，控制教材篇幅，使本书具有良好的教学适用性，内容上注意知识的模块化与层次，给学生一个基本知识范畴，相对于课时的增减使之具有较大弹性。让学生在掌握基础知识的同时，也能够了解它的具体应用。

本书梳理了数据挖掘的多种研究方法，注重领域核心方法的论述，知识点比较广泛，叙述简明、语言准确，有助于增强学生的个性化学习与自学能力，调动学生的学习主动性而不会让学生不堪重负或望而生畏。全书共14章，第1章介绍数据挖掘的概述；第2章介绍了数据仓库原理以及数据仓库设计过程；第3章~第13章分别从聚类、关联规则、决策树、逻辑回归、多变量线性回归、神经网络、支持向量机、异常检测、推荐系统、大规模数据挖掘算法等多个主题讲述了算法和概念。第14章给出了一个具体的应用案例。这样做的目的是使教材能够比较全面地覆盖数据挖掘方法的基本知识点，言简意赅地提炼隐藏在其中的数学思想方法，以求给学生以启发和引导，有助于贯彻创新教育教学理念。

参加本书编写工作的还有孟建瑶、徐培培、郭辉等。由于作者的水平有限，加之编写时间仓促，书中不妥之处，恳请读者批评指正。

王　玲

2017 年 5 月于北京

目 录

第1章 数据挖掘概述 ·· 1

1.1 数据挖掘的定义及含义 ··· 2

1.2 数据挖掘的作用 ··· 2

1.3 数据挖掘和数据仓库 ··· 3

1.4 数据挖掘和在线分析处理 ·· 4

1.5 数据挖掘、机器学习和统计 ··· 5

1.6 软硬件发展对数据挖掘的影响 ··· 5

1.7 数据挖掘的类型和研究内容 ··· 6

    1.7.1 描述性数据挖掘 ··· 6

    1.7.2 预测性数据挖掘 ··· 7

思考题与习题 ·· 8

第2章 数据仓库 ··· 9

2.1 什么是数据仓库 ·· 9

    2.1.1 数据仓库的定义与基本特性 ·· 9

    2.1.2 操作数据库系统与数据仓库的区别 ··· 10

    2.1.3 为什么要建立数据仓库 ··· 11

2.2 数据仓库的一般结构 ·· 12

    2.2.1 体系结构 ··· 12

    2.2.2 数据仓库的运行结构 ··· 13

    2.2.3 事实表和维表 ··· 14

    2.2.4 数据组织结构 ··· 15

2.3 多维数据的分析 ·· 16

    2.3.1 数据立方体 ··· 16

    2.3.2 多维数据分析的基本操作 ··· 16

2.4 数据仓库的分析与设计 ·· 17

    2.4.1 需求分析 ··· 17

    2.4.2 数据仓库的概念模型 ··· 18

    2.4.3 数据仓库的逻辑模型 ··· 19

    2.4.4 数据仓库的物理模型 ··· 21

    2.4.5 数据仓库的元数据模型 ··· 23

    2.4.6 数据仓库的索引构建 ··· 24

2.5 数据仓库的开发过程 ……………………………………………………… 25

    2.5.1 数据仓库的螺旋式开发方法 …………………………………… 26

    2.5.2 数据仓库的开发策略 …………………………………………… 26

  思考题与习题 ……………………………………………………………… 27

第3章 聚类 ……………………………………………………………………… 28

3.1 K-均值算法 …………………………………………………………… 28

    3.1.1 优化目标 ………………………………………………………… 29

    3.1.2 随机初始化 ……………………………………………………… 30

    3.1.3 选择聚类数 ……………………………………………………… 30

3.2 层次聚类算法 ………………………………………………………… 30

3.3 SOM 聚类算法 ………………………………………………………… 31

3.4 FCM 聚类算法 ………………………………………………………… 32

3.5 几种聚类算法的分析 ………………………………………………… 32

  思考题与习题 ……………………………………………………………… 34

第4章 关联规则挖掘 …………………………………………………………… 35

4.1 关联规则挖掘 ………………………………………………………… 35

    4.1.1 关联规则提出背景 ……………………………………………… 35

    4.1.2 关联规则的基本概念 …………………………………………… 35

    4.1.3 关联规则的分类 ………………………………………………… 36

4.2 关联规则挖掘的相关算法 …………………………………………… 37

    4.2.1 Apriori 算法预备知识 ………………………………………… 37

    4.2.2 Apriori 算法的核心思想 ……………………………………… 37

    4.2.3 Apriori 算法描述 ……………………………………………… 38

    4.2.4 Apriori 算法评价 ……………………………………………… 38

    4.2.5 Apriori 算法改进 ……………………………………………… 39

    4.2.6 频繁模式树算法 ………………………………………………… 40

4.3 关联规则的应用 ……………………………………………………… 40

    4.3.1 关联规则挖掘技术在国内外的应用现状 ……………………… 40

    4.3.2 关联规则在大型超市中应用的步骤 …………………………… 41

  思考题与习题 ……………………………………………………………… 43

第5章 决策树算法 ……………………………………………………………… 46

5.1 决策树算法概述 ……………………………………………………… 46

5.2 决策树表示法 ………………………………………………………… 47

5.3 决策树学习的学习过程 ……………………………………………… 47

5.4 基本的决策树学习算法 ……………………………………………… 48

5.5 ID3 算法的基本原理 ………………………………………………… 49

5.5.1　用熵度量样例的均一性 ……………………………………………… 49

5.5.2　用信息增益度量期望的熵降低 ………………………………………… 49

5.6　C4.5算法的基本原理 …………………………………………………………… 50

5.6.1　信息增益比选择最佳特征 ……………………………………………… 50

5.6.2　处理连续数值型特征 …………………………………………………… 51

5.6.3　叶子裁剪 ………………………………………………………………… 51

思考题与习题 ………………………………………………………………………… 52

第6章　逻辑回归 ……………………………………………………………………… 54

6.1　分类问题 ………………………………………………………………………… 54

6.2　分类问题建模 …………………………………………………………………… 54

6.3　判定边界 ………………………………………………………………………… 56

6.4　代价函数 ………………………………………………………………………… 56

6.5　多类分类 ………………………………………………………………………… 58

6.6　类偏斜的误差度量 ……………………………………………………………… 59

6.7　查全率和查准率之间的权衡 …………………………………………………… 59

思考题与习题 ………………………………………………………………………… 60

第7章　多变量线性回归 ……………………………………………………………… 61

7.1　多维特征 ………………………………………………………………………… 61

7.2　多变量梯度下降 ………………………………………………………………… 62

7.3　特征缩放 ………………………………………………………………………… 63

7.4　学习率 …………………………………………………………………………… 63

思考题与习题 ………………………………………………………………………… 64

第8章　神经网络 ……………………………………………………………………… 65

8.1　神经网络概述 …………………………………………………………………… 66

8.2　神经网络模型的构建 …………………………………………………………… 67

8.3　神经网络示例 …………………………………………………………………… 69

8.4　神经网络的代价函数 …………………………………………………………… 70

8.5　反向传播算法 …………………………………………………………………… 71

8.6　梯度检验 ………………………………………………………………………… 73

8.7　综合 ……………………………………………………………………………… 74

思考题与习题 ………………………………………………………………………… 74

第9章　支持向量机 …………………………………………………………………… 76

9.1　优化目标 ………………………………………………………………………… 76

9.2　支持向量机判定边界 …………………………………………………………… 78

9.3　核函数 …………………………………………………………………………… 79

9.4　逻辑回归与支持向量机 ································· 82

9.5　支持向量回归 ·· 82

9.5.1　函数管道思想与不敏感函数 ················ 82

9.5.2　线性回归 ······························· 83

9.5.3　非线性回归 ····························· 85

思考题与习题 ·· 85

第 10 章　降维 ·· 87

10.1　数据压缩 ··· 87

10.1.1　将数据从二维降至一维 ················· 87

10.1.2　将数据从三维降至二维 ················· 88

10.2　数据可视化 ·· 88

10.3　主要成分分析 ·· 89

10.4　主要成分分析算法 ···································· 90

10.5　选择主要成分的数量 ·································· 91

10.6　应用主要成分分析 ···································· 92

思考题与习题 ·· 93

第 11 章　异常检测 ·· 95

11.1　异常点的密度估计 ···································· 95

11.2　异常检测 ··· 96

11.3　评价一个异常检测系统 ································ 97

11.4　异常检测与监督学习对比 ······························ 98

11.5　选择特征 ··· 98

11.6　多元高斯分布 ·· 99

思考题与习题 ·· 101

第 12 章　推荐系统 ·· 102

12.1　问题形式化 ·· 102

12.2　基于内容的推荐系统 ·································· 103

12.3　协同过滤算法 ·· 104

12.4　均值归一化 ·· 105

思考题与习题 ·· 106

第 13 章　大规模数据挖掘算法 ····························· 107

13.1　大型数据集的学习 ···································· 107

13.2　随机梯度下降法 ······································ 108

13.3　微型批量梯度下降 ···································· 109

13.4　随机梯度下降收敛 ···································· 109

13.5 在线学习 ·· 110

13.6 映射化简和数据并行 ··· 111

思考题与习题 ·· 112

第 14 章 数据挖掘算法的案例分析 ·· 113

14.1 R 语言的简介 ··· 113

14.2 案例：基于回归树预测海藻数量及分析水样化学参数 ············· 115

14.2.1 挖掘目标的提出 ··· 115

14.2.2 模型数据的分析 ··· 115

14.2.3 建模与仿真 ··· 123

14.2.4 编程代码 ·· 130

思考题与习题 ·· 134

参考文献 ·· 135

第1章　数据挖掘概述

随着数据库技术的迅速发展以及数据库管理系统的广泛应用，人们积累的数据越来越多。激增的数据背后隐藏着许多重要的信息，人们希望能够对其进行更高层次的分析，以便更好地利用这些数据。目前的数据库系统可以高效地实现数据的录入、查询、统计等功能，但无法发现数据中存在的关系和规则，无法根据现有的数据预测未来的发展趋势，缺乏挖掘数据背后隐藏的知识手段，导致了"数据爆炸但知识贫乏"的现象。

数据挖掘技术是人们长期对数据库技术进行研究和开发的结果。起初各种数据是存储在计算机的数据库中的，然后发展到可对数据库进行查询和访问，进而发展到对数据库的即时遍历。数据挖掘使数据库技术进入了一个更高级的阶段，它不仅能对过去的数据进行查询和遍历，并且能够找出过去数据之间的潜在联系，从而促进信息的传递。

数据挖掘其实也是一个逐渐演变的过程，电子数据处理的初期，人们就试图通过某些方法来实现自动决策支持，当时机器学习成为人们关心的焦点。机器学习的过程就是将一些已知的并已被成功解决的问题作为范例输入计算机，机器通过学习这些范例总结并生成相应的规则，这些规则具有通用性，使用它们可以解决某一类的问题。随后，随着神经网络技术的形成和发展，人们的注意力转向知识工程，知识工程不同于机器学习那样给计算机输入范例，让它生成出规则，而是直接给计算机输入已被代码化的规则，而计算机是通过使用这些规则来解决某些问题。专家系统就是这种方法所得到的成果，但它有投资大、效果不甚理想等缺点。20世纪80年代人们又在新的神经网络理论的指导下，重新回到机器学习的方法上，并将其成果应用于处理大型商业数据库。随着在80年代末一个新的术语，它就是数据库中的知识发现，简称KDD（Knowledge Discovery in Database）。它泛指所有从源数据中发掘模式或联系的方法，人们接受了这个术语，并用KDD来描述整个数据发掘的过程，包括最开始的制定业务目标到最终的结果分析，而用数据挖掘（Data Mining）来描述使用挖掘算法进行数据挖掘的子过程。但最近人们却逐渐开始使用数据挖掘中有许多工作可以由统计方法来完成，并认为最好的策略是将统计方法与数据挖掘有机地结合起来。

数据挖掘的核心模块技术历经了数十年的发展，其中包括数理统计、人工智能、机器学习。今天，这些成熟的技术，加上高性能的关系数据库引擎以及广泛的数据集成，让数据挖掘技术在当前的数据仓库环境中进入到了实用的阶段。

1.1　数据挖掘的定义及含义

数据挖掘（Data Mining）就是从大量的、不完全的、有噪声的、模糊的、随机的实际应用数据中，提取隐含在其中的、人们事先不知道的、但又是潜在有用的信息和知识的过程。与数据挖掘相近的同义词有数据融合、数据分析和决策支持等。这个定义包括好几层含义：数据源必须是真实的、大量的、含噪声的；发现的是用户感兴趣的知识；发现的知识要可接受、可理解、可运用；并不要求发现放之四海皆准的知识，仅支持特定的发现问题。

何为知识？从广义上理解，数据、信息也是知识的表现形式，但是人们更把概念、规则、模式、规律和约束等看作知识。人们把数据看做是形成知识的源泉，好像从矿石中采矿或淘金一样。原始数据可以是结构化的，如关系数据库中的数据；也可以是半结构化的，如文本、图形和图像数据；甚至是分布在网络上的异构型数据。发现知识的方法可以是数学的，也可以是非数学的；可以是演绎的，也可以是归纳的。发现的知识可以被用于信息管理、查询优化、决策支持和过程控制等，还可以用于数据自身的维护。因此，数据挖掘是一门交叉学科，它把人们对数据的应用从低层次的简单查询，提升到从数据中挖掘知识，提供决策支持。在这种需求牵引下，汇聚了不同领域的研究者，尤其是数据库技术、人工智能技术、数理统计、可视化技术、并行计算等方面的学者和工程技术人员，投身到数据挖掘这一新兴的研究领域，形成新的技术热点。这里所说的知识发现，不是要求发现放之四海而皆准的真理，也不是要去发现崭新的自然科学定理和纯数学公式，更不是什么机器定理证明。实际上，所有发现的知识都是相对的，是有特定前提和约束条件，面向特定领域的，同时还要能够易于被用户理解。最好能用自然语言表达所发现的结果。

1.2　数据挖掘的作用

这个显然跟你的业务有关系，你的业务需要不需要，哪里需要，需要干什么，希望投入什么样的成本，产出什么样的结果，这是决定你要不要做以及怎么做的一个基本考虑。大数据的核心是对数据的应用，之所以用大数据，就是希望通过数据分析处理，来更精准地把握用户、客户行为和更好地挖掘信息的价值，提升业务的利润和控制成本。

（1）大数据挖掘可以让杂乱无序的数据清晰化、可用度高。大数据有两个典型特征，其一是数据量大，其二是计算复杂。与传统数据库相比，大数据的结构化程度、可用度、数据抽取、数据清洗都是很大的一块工作。

特别典型的传统生产销售型企业的业务系统数据是隔离、分裂的，有销售的、生产的、财务的、客户的等，不同方面其实都是为自己负责的业务目标和输出构建自己的 IT 系统、甚至是外包给不同的 IT 集成商或者软件开发商做的，因而系统都是相对独立，这种独立的结果不只是隔离，而是从数据的结构、数据的记录与存储、软件系统负载等产品技术层面都不尽同。数据挖掘需要根据你的目标构建挖掘模型，建立起多个数据系统的关联。

（2）让数据和数据之间发生关系，这关系可能产生化学反应。著名的啤酒与尿布、口香糖与避孕套的例子就是典型的数据之间隐性关系的发现，通过对消费行为数据进行建模和分析，能够发现两个原本不相干的东西，在用户采购东西的时候发生了关系，那么针对这一发现优化你的货架物品摆放就能够提高销售量。用过亚马逊的朋友可能都看到过，买个手机马上推荐跟手机壳、存储卡打包购买有折扣哦，这种推荐能节省用户的成本。

（3）对数据产生状态进行监控，发现异常，预警纠错。通过对系统产生的数据按照时间建模，记录每个时间点、时间周期内的均值和上下区间，如果某个节点出现超乎寻常的状况，系统能很快发现问题并进行预警和排查。当然这只是技术系统的价值。

从业务系统上，这种数据异常将会给你的经营状况给出警示，帮你从历史时间维度对比，判断事情变化的因由，提供你决策分析必要的时间、数据和关联信息参考。

（4）通过数据挖掘建立知识模型，提供决策支持信息。信息系统发挥更大的价值在于能通过信息的整合，帮你提供决策参考信息。以前有一个提法叫做知识发现 KDD，随着互联网信息内容的丰富、UGC 分众智慧的发挥，网络信息的价值效用也越来越大。通过信息存在和信息特征提取，建立起不同信息之间的关联，并能通过语义分析、情感分析，提炼出信息本身的价值倾向、态度、消费效用等，这将为信息在决策参考上提供更系统、数据化的分析和参考。

（5）强大的数据处理和分析能够建立以数据驱动的垂直商业生态。数据挖掘的技术系统将负责将所有数据，按照目标重新梳理和建立跟模型对应的数据索引。这个重新构建数据的秩序将大大增加数据的可用性。从垂直行业切入，针对这行业信息服务的需求，建立模型，并不断优化各个细节和子节点的输出，使得行业参与的各角色能在生态上获取自己的利益和价值，那么这将建立起针对这个细分行业的垂直业务生态。我们身边已经有很多大规模数据的应用，比如电商购物对用户做推荐，基于用户群和用户行为的分类做精准的广告投放等，亦或计算气象预报，计算地质数据做石油探测、矿产探测，还有金融行业对投资、贷款等的风险预估。跟大规模数据挖掘相关的主要技术有数据存储、数据挖掘的分布式计算平台，结构化存储，计算任务管理和调度等，所以一般性的大数据挖掘项目都跟云计算、云存储和自动运维系统密切相关，需要一定投入才能搞得定。

1.3   数据挖掘和数据仓库

大部分情况下，数据挖掘都要先把数据从数据仓库中拿到数据挖掘库或数据集市中（如图 1-1 所示）。从数据仓库中直接得到进行数据挖掘的数据有许多好处。就如我们后面会讲到的，数据仓库的数据清理和数据挖掘的数据清理差不多，如果数据在导入数据仓库时已经清理过，那很可能在做数据挖掘时就没必要再清理一次了，而且所有的数据不一致的问题都已经被你解决了。从数据仓库中提取的数据挖掘集市、数据挖掘库可能是你的数据仓库的一个逻辑上的子集，而不一定非得是物理上单独的数据库。但如果你的数据仓库的计算资源已经很紧张，那你最好还是建立一个单独的数据挖掘库。

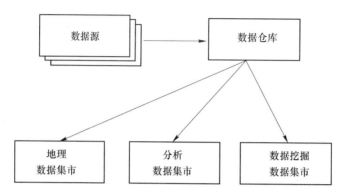

图 1-1　从数据仓库中提取的数据挖掘集市

当然，为了进行数据挖掘你也不必非得建立一个数据仓库，数据仓库不是必需的。建立一个巨大的数据仓库，把各个不同源的数据统一在一起，解决所有的数据冲突问题，然后把所有的数据导到一个数据仓库内，是一项巨大的工程，可能要用几年的时间花上百万的钱才能完成。只是为了数据挖掘，你可以把一个或几个事务数据库导到一个只读的数据库中，就把它当做数据集市（如图 1-2 所示），然后在它上面进行数据挖掘。

图 1-2　从操作数据库中提取的数据挖掘集市

1.4　数据挖掘和在线分析处理

一个经常问的问题是，数据挖掘和在线分析处理（OLAP）到底有何不同。下面将会解释，他们是完全不同的工具，基的技术也大相径庭。

OLAP 是决策支持领域的一部分。传统的查询和报表工具是告诉你数据库中都有什么（What happened），OLAP 则更进一步告诉你下一步会怎么样（What next）和如果我采取这样的措施又会怎么样（What if）。用户首先建立一个假设，然后用 OLAP 检索数据库来验证这个假设是否正确。比如，一个分析师想找到什么原因导致了贷款拖欠，他可能先做一个初始的假定，认为低收入的人信用度也低，然后用 OLAP 来验证他这个假设。如果这个假设没有被证实，他可能去察看那些高负债的账户，如果还不行，他也许要把收入和负债一起考虑，一直进行下去，直到找到他想要的结果或放弃。

也就是说，OLAP 分析师是建立一系列的假设，然后通过 OLAP 来证实或推翻这些假设来最终得到自己的结论。OLAP 分析过程在本质上是一个演绎推理的过程。但是如果分析的变量达到几十或上百个，那么再用 OLAP 手动分析验证这些假设将是一件非常困难和痛苦的事情。

数据挖掘与 OLAP 不同的地方是，数据挖掘不是用于验证某个假定的模式（模型）的正确性，而是在数据库中自己寻找模型。他在本质上是一个归纳的过程。比如，一个用数据挖掘工具的分析师想找到引起贷款拖欠的风险因素。数据挖掘工具可能帮他找到高负债和低收入是引起这个问题的因素，甚至还可能发现一些分析师从来没有想过或试过的其他因素，比如年龄。

数据挖掘和 OLAP 具有一定的互补性。在利用数据挖掘出来的结论采取行动之前，你也许要验证一下如果采取这样的行动会给公司带来什么样的影响，那么 OLAP 工具能回答你的这些问题。而且在知识发现的早期阶段，OLAP 工具还有其他一些用途。可以帮你探索数据，找到哪些是对一个问题比较重要的变量，发现异常数据和互相影响的变量。这都能帮你更好的理解你的数据，加快知识发现的过程。

1.5　数据挖掘、机器学习和统计

数据挖掘利用了人工智能（AI）和统计分析的进步所带来的好处。这两门学科都致力于模式发现和预测。

数据挖掘不是为了替代传统的统计分析技术。相反，他是统计分析方法学的延伸和扩展。大多数的统计分析技术都基于完善的数学理论和高超的技巧，预测的准确度还是令人满意的，但对使用者的要求很高。而随着计算机计算能力的不断增强，我们有可能利用计算机强大的计算能力只通过相对简单和固定的方法完成同样的功能。

一些新兴的技术同样在知识发现领域取得了很好的效果，如神经元网络和决策树，在足够多的数据和计算能力下，他们几乎不用人的关照自动就能完成许多有价值的功能。数据挖掘就是利用了统计和人工智能技术的应用程序，它把这些高深复杂的技术封装起来，使人们不用自己掌握这些技术也能完成同样的功能，并且更专注于自己所要解决的问题。

1.6　软硬件发展对数据挖掘的影响

使数据挖掘这件事情成为可能的关键一点是计算机性能价格比的巨大进步。在过去的几年里磁盘存储器的价格几乎降低了 99%，这在很大程度上改变了企业界对数据收集和存储的态度。如果每兆的价格是 10 元，那存放 1TB 的价格是 10000000 元，但当每兆的价格降为 0.1 元时，存储同样的数据只有 100000 元。计算机计算能力价格的降低同样非常显著。每一代芯片的诞生都会把 CPU 的计算能力提高一大步。内存 RAM 也同样降价迅速，几年之内每兆内存的价格由几百块钱降到现在只要几块钱。通常 PC 都有 64M 内存，工作站达到了 256M，拥有上 G 内存的服务器已经不是什么新鲜事了。

在单个 CPU 计算能力大幅提升的同时，基于多个 CPU 的并行系统也取得了很大的进步。目前几乎所有的服务器都支持多个 CPU，这些 SMP 服务器簇甚至能让成百上千个

CPU 同时工作。

　　基于并行系统的数据库管理系统也给数据挖掘技术的应用带来了便利。如果你有一个庞大而复杂的数据挖掘问题要求通过访问数据库取得数据，那么效率最高的办法就是利用一个本地的并行数据库。

　　所有这些都为数据挖掘的实施扫清了道路，随着时间的延续，我们相信这条道路会越来越平坦。

1.7　数据挖掘的类型和研究内容

　　随着数据挖掘研究逐步走向深入，它已经形成了三根强大的技术支柱：数据库、人工智能和数理统计。现代的数据挖掘主要包括描述性数据挖掘和预测性数据挖掘。描述性数据挖掘是以简洁概要的方式描述数据，并提供数据的有趣的一般性质。预测性数据挖掘是通过分析建立一个或者一组模型，并试图预测新数据集合的行为。下面分别介绍描述性数据挖掘和预测性数据挖掘的研究内容。

1.7.1　描述性数据挖掘

1.7.1.1　广义知识

　　在建立模型之前，首先要了解数据，获得广义知识，即类别特征的概括性描述知识。根据数据的微观特性发现其表征的、带有普遍性的、较高层次概念的、中观和宏观的知识，反映同类事物共同性质，是对数据的概括、精炼和抽象。

　　广义知识的发现方法和实现技术有很多，如数据立方体、面向属性的归约等。数据立方体还有其他一些别名，如"多维数据库"、"实现视图"、"OLAP"等。该方法的基本思想是实现某些常用的代价较高的聚集函数的计算，诸如计数、求和、平均、最大值等，并将这些实现视图储存在多维数据库中。既然很多聚集函数需经常重复计算，那么在多维数据立方体中存放预先计算好的结果将能保证快速响应，并可灵活地提供不同角度和不同抽象层次上的数据视图。另一种广义知识发现方法是加拿大 SimonFraser 大学提出的面向属性的归约方法。这种方法以类 SQL 语言表示数据挖掘查询，收集数据库中的相关数据集，然后在相关数据集上应用一系列数据推广技术进行数据推广，包括属性删除、概念树提升、属性阈值控制、计数及其他聚集函数传播等。

1.7.1.2　聚类

　　聚类的目的是把数据对象分成各个聚类，各个簇，但聚类与分类也有显著的不同，聚类分析是一种无指导的学习，而分类的训练样本集的类标号是已知的，通过学习对训练数据集得出一个分类规则，再利用分类规则判定某个未知数据的类标号，分类是有指导的学习。进行聚类时，不存在类标号已知的训练数据集，没有什么模型可参考，聚类算法必须自己总结出各个聚类或簇之间的区别，根据某种规则来对数据对象进行聚类或分类，这个角度上讲，聚类是无指导的学习，它的算法本身远比分类的复杂度要高。目前，聚类分析有很多相应的算法，它其实是一个多学科的融合，大部分的聚类算法都是基于距离的聚类，这个距离是依据统计学中相关的公式和知识。对于聚类分析，各个其他领域也有着比较深入的研究，像生物、医学等都对聚类分析有相应的研究和贡献。

1.7.1.3　关联分析

关联分析是一种探索数据的描述性方法，这些数据可以帮助识别数据库中数值之间的关系。它反映一个事件和其他事件之间依赖或关联的知识。如果两项或多项属性之间存在关联，那么其中一项的属性值就可以依据其他属性值进行预测。最为著名的关联规则发现方法是 R. Agrawal 提出的 Apriori 算法。关联规则的发现可分为两步。第一步是迭代识别所有的频繁项目集，要求频繁项目集的支持率不低于用户设定的最低值；第二步是从频繁项目集中构造可信度不低于用户设定的最低值的规则。识别或发现所有频繁项目集是关联规则发现算法的核心，也是计算量最大的部分。

1.7.2　预测性数据挖掘

预测性数据挖掘的目的是通过分析建立一个或一组模型，并试图预测新数据的行为。在从多种来源搜集数据的基础上，它通过构建现实世界的模型来实现，这些来源可包括企业交易，顾客历史和人口统计信息，过程控制数据，以及相关的外部数据库，例如银行交易信息或气象数据。模型建立的结果是对那些能用来进行有效预测的数据中的模式和关系的描述。

确定了预测目标之后，下一步是决定最合适的预测类型：（1）分类：预测行为属于什么类别或等级，或（2）回归：预测变量会有什么数值（如果它是随时间变化的变量，这就是所谓的时间序列预测）。现在，你可以选择模型类型：用神经网络来进行回归分析，以及可能用决策树来进行分类。也有传统的统计模型可供选择，如逻辑回归，判别分析，或一般线性模型。数据挖掘中最重要的模型类型将在后续章节中进行描述。

在预测模型中，我们的预测值或类被称为响应，相关或目标变量。用于建立或者训练预测模型使用的数据是已知变量响应的数值。这种训练有时被称为监督学习，因为被计算或估计值会与已知的结果进行比较（相反，在上一节中的描述性技术，如聚类，有时被称为无监督学习，因为没有已知的结果来引导算法）。

1.7.2.1　分类

分类是预测分类标号。什么是分类标号呢？我们知道属性值有两种基本的属性值，一种是分类属性，一种是量化属性。分类属性也叫离散属性，它的值是分成固定的区间之内的，是离散的值，而量化属性对应的是连续的值，根据分类时所对应的是离散的属性还是量化的属性，就可以把分类挖掘分成分类和预测两种类型。分类预测的是分类编号，根据训练数据集和类标号属性构建模型来分类新数据，这里主要包括两个过程，一个是构建模型来分类现有的数据，第二个是利用已有的模型对新数据进行分类。

最为典型的分类方法是基于决策树的分类方法。它是从实例集中构造决策树，是一种有指导的学习方法。该方法先根据训练子集（又称为窗口）形成决策树。如果该树不能对所有对象给出正确的分类，那么选择一些例外加入到窗口中，重复该过程一直到形成正确的决策集。最终结果是一棵树，其叶结点是类名，中间结点是带有分枝的属性，该分枝对应该属性的某一可能值。

数据分类还有逻辑回归、线性判别分析、神经网络、粗糙集（RoughSet）等方法。

1.7.2.2　回归

回归分析是应用现有的数值来预测其他数值是什么。在最简单的情况下，回归分析应用的是诸如一元线性回归、多元线性回归等标准统计技术。不幸的是，很多现实世界的问题不是对原值简单的线性预测。例如，销售量、股票价格及产品的次品率都非常难以预测，因为它们可能要依赖于多个预测变量非线性的相互作用。因此，用更复杂的技术（如，逻辑回归、决策树或神经网络）来预测未来值可能是十分有必要的。

相同的模型类别，通常是可以被用于回归和分类的。例如，CART（分类和回归树）决策树算法可以被用来建立分类树（区分分类响应变量）和回归树（预测连续响应变量）。神经网络也可以用来创建分类和回归模型。

思考题与习题

1-1　数据挖掘的定义是什么，数据挖掘的功能有哪些？

1-2　什么是数据仓库，为什么要研究数据仓库？

1-3　数据挖掘和在线分析处理（OLAP）是什么关系？

1-4　描述性数据挖掘和预测性数据挖掘分别是什么？

1-5　描述性数据挖掘包括哪些内容，预测性数据挖掘包括哪些内容？

第 2 章　数　据　仓　库

教学要求：掌握数据仓库的概念；

　　　　　　理解数据库与数据仓库之间的区别与联系；

　　　　　　掌握典型的关系型数据库及数据仓库系统的工作原理及应用方法；

　　　　　　理解并掌握 OLAP 分析的基本过程与方法；

　　　　　　掌握数据仓库的体系结构及开发过程；

　　　　　　理解数据仓库与数据挖掘的关系。

重　　点：数据仓库的概念；

　　　　　　联机分析处理（OLAP）的概念；

　　　　　　基本的多维数据分析操作；

　　　　　　数据仓库的分析与设计。

难　　点：数据挖掘与联机分析处理之间的关系；

　　　　　　数据仓库的构建过程。

第 2 章　课件

　　数据仓库这一面向主题的、集成的、随时间变化的、非易失性数据的数据集合包含了数据仓库数据库、数据集市/知识挖掘库、数据源、数据准备区以及各种管理工具和服务工具。数据仓库在创建以后，首先要从数据源中抽取所需要的数据到数据准备区，在数据准备区中经过数据的净化处理，再加载到数据仓库数据库中，最后再根据用户的需求将数据发布到数据集市中。当用户使用数据仓库时，可以通过数据仓库应用工具向数据集市/知识挖掘库或数据仓库进行决策查询分析或知识挖掘。

2.1　什么是数据仓库

　　数据仓库的定义很多，相对于数据库技术、操作系统技术来讲，它是一门比较新的技术，因此在学术界并没有一个严格的定义，大家普遍认为数据仓库是一个提供决策支持功能的数据库，它与公司的操作数据库分开维护。操作数据库就是一个公司平常用到的数据库系统，可以把它理解为日常使用的数据库。此外，数据仓库为统一的历史数据分析提供了坚实的平台，对信息处理提供了支持。为了更好地理解数据仓库的概念，需要和数据仓库的使用场合联系起来。

2.1.1　数据仓库的定义与基本特性

　　按照 W. H. Inmon，一位数据仓库系统构造方面的领头建筑师的说法："数据仓库是一个面向主题的、集成的、时变的、非易失的数据集合，支持管理决策制定"。这个简短、全面的定义指出了数据仓库的主要特征。四个关键词，面向主题的、集成的、时变的、非易失的，将数据仓库与其他数据存储系统（如关系数据库系统、事务处理系统和文件系统）相区别。根据这些关键特征，我们一步一步来了解数据仓库。

（1）面向主题的：数据仓库围绕一些主题，如顾客、供应商、产品和销售组织。数据仓库关注决策者的数据建模与分析，而不是构造组织机构的日常操作和事务处理。因为，对组织机构的日常造作和事务处理就是我们说的操作型数据库，是公司使用的日常事务库。数据仓库不可能原样地把操作型数据库中的内容搬过来，因此在数据仓库构建时，要排除对于决策无用的数据，提供特定主题的简明视图。

（2）集成的：与数据仓库的构造过程相关，通常构造数据仓库是将多个异种数据源，如关系数据库、一般文件和联机事务处理记录，集成在一起。这些数据在格式上、形式上、使用上都有很大的区别。数据仓库为了给决策者提供统一的支持，需要把异种数据源在格式上、形式上进行集成。通常，使用数据清理和数据集成技术，确保命名约定、编码结构、属性度量的一致性。

（3）时变的：数据仓库的时间范围比操作数据库系统要长得多。操作数据库系统主要保存当前的数据，以提高平时数据处理的效率。与操作数据库不同，数据仓库从历史的角度（例如，过去 5~10 年）提供信息。数据仓库中的关键结构，隐式或显式地包含时间元素。而操作数据库中的关键结构可能就不包括时间元素。为了对历史数据进行分析预测，那就需要知道每个历史数据的时间，因为不同的历史时间，它的参考意义也是不同的。

（4）非易失的：尽管数据仓库的数据来自于操作数据库，但他们却是在物理上分离保存的。由于这种分离，数据仓库不需要事务处理、恢复和并行控制机制。由于数据仓库中的数据通常是只读的，不能去更新，只是依据这些数据进行分析，提供决策支持，不能去改变这些数据，这意味着数据仓库的数据不会被改变，不会丢失。通常，它只需两种数据访问：数据的初始化装入和数据访问。

2.1.2 操作数据库系统与数据仓库的区别

操作数据库系统的主要任务是联机事务处理 OLTP（Online Transaction Processing），它主要是处理一些日常操作，比如管理库存、银行转账、制造业中的流程、工资、注册、记账等，这些都会在数据库中产生新记录，对新记录添加、修改、删除，都可看做是日常事务处理。

与操作数据库系统不同，数据仓库的主要任务是联机分析处理 OLAP（Online Analysis Processing），它主要做的是数据分析和决策。

首先，我们看一下 OLTP 和 OLAP 的区别。

用户和系统的面向性：OLTP 和 OLAP 使用的用户不同。OLTP 是面向顾客的，日常数据库是为用户提供服务和查询处理。OLAP 是面向市场的，主要用于数据分析。

数据内容：OLTP 系统管理的是当前的、详细的数据。OLAP 系统管理的是大量历史的数据以及汇总的数据。

数据库设计：通常，OLTP 系统采用实体-联系（ER）模型和面向应用的数据库设计。而 OLAP 系统通常采用星形或雪花模型和面向主题的数据库设计。

视图：OLTP 系统主要关注的是一个企业或部门内部的当前数据，而不涉及历史数据或不同组织的数据；而 OLAP 系统主要关注的是经过演化的、集成的数据。

访问模式：OLTP 系统主要的访问模式是事务操作、记录的添加、修改、删除等。OLAP 系统的访问大部分是只读查询，而且很多是复杂的查询，因为简单的查询不能对历史数据进行有效分析，得出结论。

任务单位：OLTP 主要的任务是简短的事务，比如销售记录最多也就几百字，产品的名称、价格、数量、总额。但 OLAP 的主要任务是复杂的查询，比如，从过去 16 年的历史数据中查询某一产品在某个季度销售的情况，这个查询就涉及数百万条记录。

数据访问量：OLTP 的日常数据访问量也就数十条，主要查询的是当天的记录。OLAP 的数据访问量是数百万条的历史记录。

用户数：OLTP 可能支持数千个用户，每个用户也只是进行简单的操作。OLAP 系统只支持数百个用户，因为一个用户查找数百万条记录可能花几个小时来完成。如果有二十几人同时用数据仓库，可能完成不了多少任务，所以用户数是有限的。

数据库规模：OLTP 主要为了维持日常事务数据库的日常性能，存的数据不能太多，数据量在几百兆之内。而对于 OLAP 系统，如果数据太少则不能有效分析，所以 OLAP 的数据量在几百 G 之上。

优先性：OLTP 高性能，高可用性；OLAP 高灵活性，端点用户自治。

度量：OLTP 以事务吞吐量作为衡量标准；OLAP 以查询吞吐量和响应时间作为衡量标准。

2.1.3　为什么要建立数据仓库

首先，分离出数据仓库是为了提高事务型数据库和数据仓库共同的性能。通常，事务型数据库是为 OLTP 设计的，它的存储方式、索引、并发控制、恢复机制都是为了 OLTP 而用的。

数据仓库是为了 OLAP 设计的，它的复杂查询、多维视图、汇总等都是 OLTP 用不到的。两者功能不同，进行系统优化时，将它们分离开，我们就可以根据不同的功能进行不同的优化，这种分离可以有效提高两者的功能。

比如，在企业运作过程中，随着订货、销售记录的进行，这些事务型数据也连续的产生。为了引入数据，我们必须优化事务型数据库。特别是，在进行决策支持时，一些问题经常会被提出：哪类客户会购买哪类产品？促销后销售额会变化多少？价格变化后或者商店地址变化后销售额又会变化多少呢？在某一段时间内，相对其他产品来说哪类产品特别容易卖呢？哪些客户增加了他们的购买额，哪些客户又削减了他们的购买额呢？

事务型数据库可以为这些问题作出解答，但是它所给出的答案往往并不能让人十分满意。在运用有限的计算机资源时常常存在着竞争。在增加新信息的时候我们需要事务型数据库是空闲的。而在解答一系列具体的有关信息分析的问题的时候，系统处理新数据的有效性又会被大大降低。另一个问题就在于事务型数据总是在动态的变化之中的。

为此，企业建立数据仓库是为了填补现有数据存储形式已经不能满足信息分析的需要。数据仓库理论中的一个核心理念就是进行决策支持。决策支持处理需要相对稳定的数据，从而问题都能得到一致连续的解答。决策支持需要解决历史数据，而这些数据在操作数据库中一般不会维护。决策支持需要将来自异种源的数据统一、整合、转化后集成。

数据仓库的解决方法包括：将决策支持型数据处理从事务型数据处理中分离出来。数据按照一定的周期（通常在每晚或者每周末），从事务型数据库中导入决策支持型数据库——即"数据仓库"。数据仓库是按回答企业某方面的问题来分"主题"组织数据的，这是最有效的数据组织方式。

另外，企业日常运作的信息系统一般是由多个传统系统、不兼容数据源、数据库与应用所共同构成的复杂数据集合，各个部分之间不能彼此交流。从这个层面看，目前运行的应用系统是用户花费了很大精力和财力构建的、不可替代的系统，特别是系统的数据。而建立数据仓库的目的就是要把这些不同来源的数据整合组织起来统一管理，从而做到数据的一致性与集成化，提供一个全面的、单一入口的解决方案。

2.2　数据仓库的一般结构

2.2.1　体系结构

数据仓库系统通常是对多个异构数据源的有效集成，集成后按照主题进行重组，包含历史数据。存放在数据仓库中的数据通常不再修改，用于做进一步的分析型数据处理。

数据仓库系统的建立和开发是以企事业单位的现有业务系统和大量业务数据的积累为基础的。数据仓库不是一个静态的概念，只有把信息适时的交给需要这些信息的使用者，供他们做出改善业务经营的决策，信息才能发挥作用，信息才有意义。因此，把信息加以整理和重组，并及时提供给相应的管理决策人员是数据仓库的根本任务。数据仓库的开发是全生命周期的，通常是一个循环迭代的开发过程。

一个典型的数据仓库系统通常包含数据源、数据存储和管理、OLAP 服务器以及前端工具与应用四个部分，如图 2-1 所示。

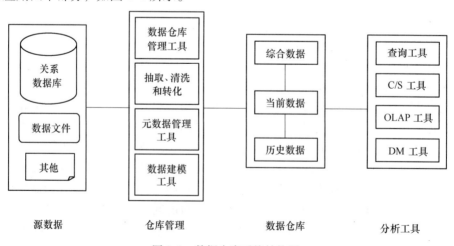

图 2-1　数据仓库系统结构图

2.2.1.1　源数据

源数据是数据仓库系统的基础，即系统的数据来源，通常包含企业（或事业单位）的各种内部信息和外部信息。内部信息，例如存于操作型数据库中的各种业务数据和办公自动化系统中包含的各类文档数据；外部数据，例如各类法律法规、市场信息、竞争对手的信息以及各类外部统计数据及其他有关文档等。

2.2.1.2　数据的存储与管理

数据的存储与管理是整个数据仓库系统的核心。在现有各业务系统的基础上，对数据进行抽取、清理、并有效集成，按照主题进行重新组织，最终确定数据仓库的物理存储结构，同时组织存储数据仓库的元数据（包括数据仓库的数据字典、记录系统定义、数据转换规则、数据加载频率以及业务规则等信息）。

按照数据的覆盖范围和存储规模，数据仓库可以分为企业级数据仓库和部门级数据仓库。对数据仓库系统的管理也就是对其相应数据库系统的管理，通常包括数据的安全、归档、备份、维护和恢复等工作。

2.2.1.3　OLAP 服务器

OLAP 服务器对需要分析的数据按照多维数据模型进行重组，以支持用户随时从多角度、多层次来分析数据，发现数据规律与趋势。

如前所述，OLAP 服务器通常有如下三种实现方式：

（1）ROLAP 表示基于关系数据库的 OLAP 实现（Relational OLAP），基本数据和聚合数据均存放在 RDBMS（Relational Database Management System）之中。

（2）MOLAP 表示基于多维数组组织的 OLAP 实现（Multidimensional OLAP），基本数据和聚合数据存放于多维数据集中。

（3）HOLAP 表示混合数据组织的 OLAP 实现（Hybrid OLAP），是 ROLAP 与 MOLAP 的综合，基本数据存放于 RDBMS 之中，聚合数据存放于多维数据集中。

2.2.1.4　前端工具与应用

前端工具主要包括各种数据分析工具、报表工具、查询工具、数据挖掘工具以及各种基于数据仓库或数据集市开发的应用。

其中，数据分析工具主要针对 OLAP 服务器；报表工具、数据挖掘工具既可以用于数据仓库，也可针对 OLAP 服务器。

2.2.2　数据仓库的运行结构

目前，数据仓库通常是三层的 C/S 结构形式，底层是数据仓库服务器，中间层为 OLAP 服务器，上层是客户端。

底层的数据仓库服务器就是把操作型数据库中的数据提取转化后，放到一个新的数据库中，所以数据仓库从技术的眼光来看，它仍是数据库，只是它是一个分离的独立的数据库。在现实应用中，大部分数据仓库服务器是关系数据库服务器，是通过将各种不同的数据源中提取的数据经过转化、清理之后，汇总形成的独立数据库，即数据库服务器。

中间层的 OLAP 服务器，是在底层数据仓库对数据存储的基础上实现各种 OLAP 功能。它从数据仓库服务器中抽取数据，在 OLAP 服务器中转换成客户端用户要求的多维视图，并进行多维数据分析，将分析结果传送给客户端。

客户端所做的工作有客户交互、格式化查询、结果显示、报表生成等，它的目的就是将分析出来的数据以适当的方式呈现给决策者和使用者,使这些数据变得更有意义。

2.2.3 事实表和维表

数据仓库不同于数据库。数据仓库的逻辑数据模型是多维结构的数据视图,也称为多维数据模型。这个模型把数据看做是数据立方体形式,数据立方体允许以多维数据建模和观察,维表和事实表是多维模型中的两个基本概念。

维是关于一个组织想要记录的视角或观点。每个维都有一个表与之相关联,称之为维表。维表中包含的一般是描述性的文本信息,这些文本信息将成为事实表的检索条件。维表中的维属性应该具体明确,体现出维层次的划分,能够成为分析型查询的约束条件,这是数据仓库与操作型应用在数据模型设计上的一个不同点。维表层次的级别数量取决于查询的粒度。在实际业务环境中,多维数据模型一般含有 4~10 维,更多的维数或更少的维数一般都很少见。在具体工作中,设计人员一定要根据企业的实际情况确定相应的维。表2-1 记录的是一个二维视图,它的两个维,一个是商品维,一个是时间维(用季度来表示时间),其中时间维有相应的维表和它对应,时间的维表属性包括天、周、月、季度、年。

表 2-1 二维视图

时间/季度	商品		
	家庭娱乐	计算机	电话
Q1	605	400	825
Q2	680	512	952
Q3	812	501	1023
Q4	927	580	1038

事实表是数据分析所对应的主要数据项,一般是企业内的某项业务或某个事件。事实表中的事实一般具有数据特性和可加性,事实表中可以存储不同粒度的数据,同一主题中不同粒度的数据一般存储在不同的事实表中。事实表包括事实的名称或度量以及每个相关维表的关键字。正如前述,多维数据模型总是围绕着某个中心主题进行组织,图 2-2 中这个用星型模式表示的多维数据模型,它的中心主题是销售,这个主题可以用一个事实表来表示,见表 2-2,这个事实表包括时间维表的关键字、商品维表的关键字、品牌维表的关键字、地点维表的关键字以及销售额的总量和平均价格。

表 2-2 销售数据的 3D 视图,根据时间、商品和地点,所显示的度量是销售额　　　（万元）

时间	地点 = "Chicago" 商品			地点 = "New York" 商品			地点 = "Toronto" 商品			地点 = "Vancouver" 商品		
	家庭娱乐	计算机	电话	家庭娱乐	计算机	电话	家庭娱乐	计算机	电话	家庭娱乐	计算机	电话
Q1	574	593	60	731	651	26	550	501	29	407	554	9
Q2	634	598	43	760	688	27	601	517	35	457	640	21
Q3	694	621	40	695	704	30	632	534	39	546	688	20
Q4	759	667	42	768	733	36	657	581	40	623	698	26

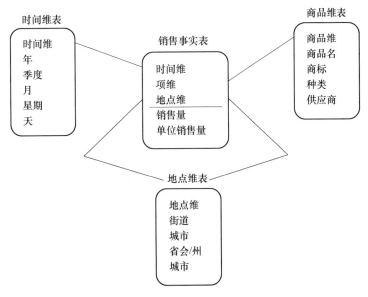

图 2-2　销售为主题的数据仓库的星型模式

在多维模型中，事实表的主码是组合码，维表的主码是简单码，事实表中与维表主码相对应的各个组成部分是外码。事实表通过与各维相对应的外码值同维表联系在一起。查询时，通过事实表和维表之间的这种对应关系进行查询。

2.2.4　数据组织结构

2.2.4.1　星型模型

多维数据建模以直观的方式组织数据，并支持高性能的数据访问。每一个多维数据模型由多个多维数据模式表示，每一个多维数据模式都是由一个事实表和一组维表组成的。多维模型最常见的是星型模式。在星型模式中，事实表居中，多个维表呈辐射状分布于其四周，并与事实表连接。

位于星形中心的实体是指标实体，是用户最关心的基本实体和查询活动的中心，为数据仓库的查询活动提供定量数据。每个指标实体代表一系列相关事实，完成一项指定的功能。位于星形图形角上的实体是维度实体，其作用是限制用户的查询结果，将数据过滤使得从指标实体查询返回较少的行，从而缩小访问范围。每个维表有自己的属性，维表和事实表通过关键字相关联。

2.2.4.2　雪花模型

雪花模型是对星型模型的扩展，每个维度都可向外连接到多个详细类别表。在这种模式中，维度表除了具有星型模型中的维度表功能外，还连接上对事实表进行详细描述的详细类别表。详细类别表通过对事实表在有关维上的详细描述，达到了缩小事实表、提高查询效率的目的。

2.2.4.3　事实星座模型

事实星座模型中，把多个不同的主题糅合在一起用多个星型模式来表示，由于这些不同的星型模式之间有些共享的维（多个事实表共享维表），我们可以把各种共享的维合并，这种模式可以看作星型模式集，因此称为星系模式或者事实星座。

2.3　多维数据的分析

2.3.1　数据立方体

数据立方体多以多维数据模型表示，它是一个 n 维的几何结构（如图 2-3 所示），但是数据立方体不局限于三个维度。大多数在线分析处理（OLAP）系统能用很多个维度构建数据立方体，例如，微软的 SQL Server 2000 Analysis Services 工具允许维度数高达 64 个（虽然在空间或几何范畴想象更高维度的实体还是个问题）。

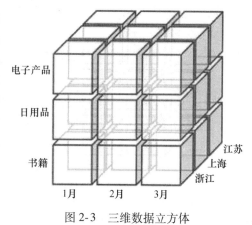

图 2-3　三维数据立方体

在数据立方体中，不同维度组合构成了不同的子立方体，不同维值的组合及其对应的度量值构成相应的对于不同的查询和分析。因此，数据立方体的构建和维护等计算方法成为了多维数据分析研究的关键问题。

一个数据立方体的度量是一个数值函数，该函数可以对数据立方体的每一个点求值。度量可以根据其所用的聚集函数分为三类：

第一类是分布的：将函数用于 n 个聚集值得到的结果和将函数用于所有数据得到的结果一样。比如：count（）表示一个集合中有多少个元素，我们可以把这个集合分成 5 个子集合，把 5 个子集合中的元素个数加起来，其实就等于这个集合当中所有元素的个数。当函数用于 n 个聚集值，得到的结果和将函数用于所有数据得到的结果一样，也就是把这个函数分别作用于多个子集上，然后再把它们相加求和，这个结果与将函数用于所有数据的结果一样。

第二类度量是代数的函数，函数可以由一个带 M 个参数的代数函数计算（M 为有界整数），而每个参数值都可以由一个分布的聚集函数求得。

比如：avg（），min _ N（），standard _ deviation（）。其中，avg（）求平均值，由一个带两个参数的代数函数计算，即 sum（）除以 count（）。其中，sum（）是一个分布的聚集函数，count（）是一个分布的元素个数计算函数。

第三类度量是整体的函数。描述函数的子聚集所需的存储没有一个常数界。比如：media（），mode（），rank（）。其中 media（）是求中值，如果有 161 个元素，我们求的是第 50 个元素的值。如果有 160 个元素，求的是第 60 个元素的值。

2.3.2　多维数据分析的基本操作

OLAP 的目的是为管理决策人员通过一种灵活的多维数据分析手段，提供辅助决策信息。基本的多维数据分析操作包括：切片、切块、钻取、旋转。

（1）切片：简单理解就是选择多维立方体数据中的某一维，在该维度上的某一点进行切块，从而得到在某一维点上的一个数据切面。

（2）切块：从一个多维数据立方体里面，选择一个局部小范围的数据块，一般有两种方式进行切块。

在某一维上选定某一区间，可以简单看成是在切片的基础上，确定某一维成员的区间得到的片段，即由多个切片叠合起来。在多维子集上的操作，即在多维上分别取一个区间或任意维成员，而其他维都取定一个维成员。

（3）钻取：上钻和下钻。上钻：从细节性数据—≫概括性数据，类似于数据维度的泛化或抽象。下钻：从概括性数据—≫细节性数据，例如：从年度销售数据—≫（下钻）季度或月度销售数据。

（4）旋转：简单理解就是数据立方体不同维度的转换，例如，（时间，销售量）—≫（销售量，时间）。

在做一个数据仓库决策支持系统时，其可视化功能界面的设计，应考虑到 OLAP 基本操作的集成，例如：在一个时间、城市、商品、销量的思维数据立方体中，我们可视化的时间—商品—销量报表界面，呈现给用户是一个概括性的数据，比如年份、商品销量；我们必须考虑在年份、商品名称上面，加入年份下钻、商品切片等功能，用户体验度更好。

2.4 数据仓库的分析与设计

在创建数据仓库之时，需要使用各种数据模型对数据仓库进行描述。数据仓库的开发人员依据这些数据模型，才能开发出一个满足用户需求的数据仓库。数据仓库中各种数据模型在数据仓库的开发中作用十分明显，主要体现在：模型中只含有与设计有关的属性，这样就排除了无关的信息，而突出了与任务相关的重要信息。使开发人员能够将注意力集中在数据仓库开发的主要部分。数据仓库分析与设计由需求分析、概念模型、逻辑模型、物理模型、元数据模型组成。

2.4.1 需求分析

数据仓库的需求分析是数据仓库设计的基础。需求分析的任务是通过详细调查现实世界要处理的对象（企业、部门、用户等），充分了解原系统（人工系统或计算机系统）工作概况，明确用户的各种需求（包括当前的需求和长远的需求），为设计数据仓库服务。概括地说，需求分析要明确用哪些数据经过分析来实现用户的决策支持需求。

数据仓库用户包括高层主管、部门经理、IT 专业人员等。通过对用户的调查，对数据仓库系统需要确定的问题如下：

（1）确定主题域。

1）明确对于决策分析最有价值的主题领域有哪些。

2）每个主题域的商业维度是哪些，每个维度的粒度层次有哪些？

3）制定决策的商业分区是什么？

4）不同地区需要哪些信息来制定决策？

5）对哪个区域提供特定的商品和服务？

（2）支持决策的数据来源。

1）哪些源数据（数据库）与商品主题有关？

2）在已有报表和在线查询（OLTP）中得到什么样的信息？

3）提供决策支持的细节程度是怎样的？

（3）数据仓库的成功标准和关键性能指标。

1）衡量数据仓库成功的标准是什么？

2）有哪些关键的性能指标，如何监控？

3）对数据仓库的期望是什么？

4）对数据仓库的预期用途有哪些？

5）对计划中的数据仓库的考虑要点是什么？

（4）数据量与更新频率。

1）数据仓库的总数据量有多少？

2）决策支持所需的数据更新频率是多少？

3）每种决策分析与不同时间的标准对比如何？

4）数据仓库中的信息需求的时间界限是什么？

2.4.2　数据仓库的概念模型

将需求分析过程中得到的用户需求抽象为计算机表示的信息结构，即概念模型。它是从客观世界（用户）到计算机世界的一个中间层次，即用户需求的数据模型。数据仓库概念模型的设计是给出一个数据仓库的粗略蓝本，以此为设计图纸来确认数据仓库的设计者是否已经正确地了解数据仓库最终用户的决策信息需求。在概念模型的设计中，必须将注意力集中在对业务的理解上，要保证管理者的所有决策信息需要都被归纳进概念模型。

概念模型的特点是：

（1）能真实反映现实世界，能满足用户对数据的分析，达到决策支持的需求，它是现实世界的一个真实模型。

（2）易于理解，有利于和用户交换意见，在用户的参与下，能有效地完成对数据仓库的成功设计。

（3）易于更改，当用户需求发生变化时，容易对概念模型进行修改和扩充。

（4）易于向数据仓库的数据模型（星型模型）转换。

概念模型最常用的表示方法是实体-关系法（E-R 法），这种方法用 E-R 图作为它的描述工具。E-R 图描述的是实体以及实体之间的联系，用长方形表示实体，在数据仓库中就表示主题，在框内写上主题名，椭圆形表示主题的属性，并用无向边把主题与其属性连接起来；用菱形表示主题之间的联系，菱形框内写上联系的名字，用无向边把菱形分别与有关的主题连接，在无向边旁标上联系的类型。若主题之间的联系也具有属性，则把属性和菱形也用无向边连接上。

通过一个例子来说明数据仓库的概念模型的设计，有两个主题：商品和客户，主题也是实体。

（1）商品有如下属性组：

商品的固有信息（商品号、商品名、类别、价格等）；

商品库存信息（商品号、库房号、库存量、日期等）；

商品销售信息（商品号、客户号、售价、销售日期、销售量等）。

（2）客户有如下属性组：

客户固有信息（客户号、客户名、性别、年龄、文化程度、住址、电话等）；

客户购物信息（客户号、商品号、售价、购买日期、购买量等）。

其中商品的销售信息与客户的购物信息是一致的，它们是两个主题之间的联系。将两个主题的概念模型用 E-R 图画出，如图 2-4 所示。

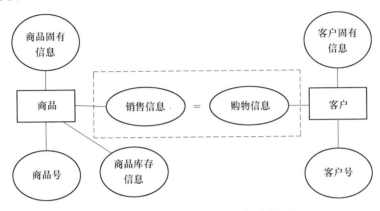

图 2-4　商品与客户两主题的概念模型

2.4.3　数据仓库的逻辑模型

中间模型亦称为逻辑模型，它是对高层概念模型的细分，在高层模型中所标明的每个主题域或指标实体都需要与一个逻辑模型相对应。逻辑模型设计是把概念模型设计好的 E-R 图转换成计算机所支持的数据模型。数据仓库在计算机中的数据模型是星型模型。这样，数据仓库的逻辑模型设计主要是将用 E-R 图表示的概念模型转换成星型模型。

数据仓库逻辑模型设计的主要工作分为以下 4 个方面。

2.4.3.1　主题域进行概念模型到逻辑模型的转换

在概念模型设计中，可能确定了多个主题域。但是，数据仓库的设计一般是从一个或几个主题逐步完成的。选择第一个主题域要足够大，使该主题能完成围绕该主题的决策分析需求。

例如，概念模型设计时，确定了"商品"和"客户"两个主题。其中"商品"对于商场来说是更基本的业务对象。商品的业务有销售、采购、库存等，其中商品销售是最主要的业务。它是进行决策分析最主要的方面。因而，"商品"主题比"客户"主题更重要。

星型模型设计步骤如下：

（1）确定决策分析需求。数据仓库是面向决策分析的，决策需求是建立多维数据模型的依据。例如，分析销售趋势、对比商品销售量、促销手段对销售的影响等。

（2）从需求中识别出事实。在决策主题确定的情况下，选择或设计反映决策主题业务的表。例如，在"商品"主题中以"销售数据"作为事实表。

（3）确定维。确定影响事实的各种因素，对销售业务的维一般包括商店、地区、部门、城市、时间、商品等，如图 2-5 所示。

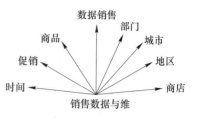

图 2-5　销售业务的多维数据

（4）确定数据汇总的级别。存在于数据仓库中的数据包括汇总的数据。数据仓库中对数据不同粒度的综合，形成了多层次的数据结构。例如，对于时间维，可以用"年"、"月"或者"日"等不同级别进行汇总。

（5）设计事实表和维表。设计事实表和维表的具体属性。在事实表中应该记录哪些属性是由维表的数量决定的。一般来说，与事实表相关的维表的数量应该适中，太少的维表会影响查询的质量，用户得不到需要的数据，太多的维表又会影响查询的速度。

（6）按使用的 DBMS（数据库管理系统）和用户分析工具，证实设计方案的有效性。

（7）随着需求变化修改设计方案。随着应用需求的变化，整个数据仓库的数据模式也可能会发生变化。因此在设计之初，充分考虑数据模型的可修改性可以降低系统维护的代价。

2.4.3.2　粒度层次划分

粒度的划分是数据仓库设计工作的一项重要内容，粒度划分是否适当是影响数据仓库性能的一个重要方面。所谓粒度是指数据仓库中数据单元的详细程度和级别。数据越详细，粒度越小，层次级别就越低；数据综合度越高，粒度越大，层次级别就越高。

进行粒度划分，首先要确定所有在数据仓库中建立的表，然后估计每个表的大约行数。在这里只能估计一个上下限。需要明确的是，粒度划分的决定性因素并非总的数据量，而是总的行数。因为对数据的存取通常是通过存取索引来实现的，而索引是对应表的行来组织的，即在某一索引中每一行总有一个索引项，索引的大小只与表的总行数有关，而与表的数据量无关。例如，商场数据库的例子，一个商场可以经营上千种甚至更多的商品，商品的来源也有许多，每日的商品销售数据更是不计其数，每时每刻都在生成新记录，进入"商品"主题的数据量是很大的，因而最好采用多重粒度，如对商品销售的分析主要是进行销售统计以及销售趋势分析。因此，定义商品销售数据的综合层次要更丰富一些，如每种商品（按商品号）的周统计销售数据、月统计销售数据以及季统计销售数据，每类商品（按商品类型）的周统计销售数据、月统计销售数据以及季统计销售数据等。

2.4.3.3　关系模式定义

数据仓库的数据最终将以关系数据库实现和存储。每个主题都是由多个表来实现的，这些表之间依靠主题的公共码键联系在一起，形成一个完整的主题。在进行概念模型设计时，就确定了数据仓库的基本主题，并对每个主题的公共码键、基本内容等做了描述。在这一步里，将要对选定的当前实施的主题进行模式划分，形成多个表，并确定各个表的关系模式。

如对"商品"主题，考虑粒度划分层次，有如下关系表的内容。

公共码键：商品号。

（1）商品固有信息。商品表（商品号、商品名、类型、颜色、价格、…）——细节级。

（2）商品销售信息。销售表 1（商品号、时间段 1、销售总量、…）——综合级；…；销售表 n（商品号、时间段 n、销售总量、…）——综合级。

2.4.3.4 定义记录系统

数据仓库中的数据来源于多个已经存在的事务处理系统及外部系统。定义记录系统是建立数据仓库中的数据与源系统中的数据的对照记录。由于各个源系统的数据都是面向应用的，不能完整地描述企业中的主题域，并且多个数据源的数据存在着许多不一致，因此要从数据仓库的概念模型出发，结合主题的多个表的关系模式，需要确定现有系统的哪些数据能较好地适应数据仓库的需要。这就要求选择最完整、最及时、最准确、最接近外部实体源的数据作为记录系统，同时这些数据所在的表的关系模式最接近于构成主题的多个表的体系模式。记录系统的定义要记入数据仓库的元数据。以商场的数据仓库为例，"商品"主题的有关内容分散在原有的销售子系统，库存子系统、采购子系统等事务处理的数据库中。不同数据源有关商品的信息有相交的部分，可能存在不一致的信息。从记录系统的要求出发，选择原有的分散数据库中最接近外部实体源的数据定义为数据仓库的记录系统。数据仓库中主题中的属性名要统一规范化。各源系统中的数据库中相关属性名，去掉不要的属性项，作为数据仓库和源系统的对比说明（记录系统的定义）放入元数据中。

2.4.4 数据仓库的物理模型

在确定了中间层逻辑数据模型后，就需要利用物理模型确定这些表模型的存储模式，以及为方便这些表的操作而确定的各种索引模式，有时候还需要对这些表进行调整。物理模型的设计所做的工作是估计存储容量，确定数据的存储结构，确定索引，确定数据存放位置，确定存储分配，它是数据存储的数据模型。

2.4.4.1 估计存储容量

物理模型重点在于物理存储，随着数据仓库的增大需要知道最初和后来需要多少存储空间。

（1）对每一个数据库表确定数据量。

（2）对所有的表确定索引。

（3）估计临时存储。

2.4.4.2 确定数据的存储计划

（1）建立汇总（聚集）计划。假设数据仓库用户有 80% 的查询需要汇总信息，这样就应该建立汇总表。如果数据仓库只存储最小粒度的数据，每次查询遍历所有的明细记录，然后生成汇总信息，就要用去大量的时间。汇总（聚集）数据表必须包括在物理模型中。应该建立多少汇总表，这要根据查询需求来决定。

（2）确定数据分区方案。假设有 4 个维表，平均每个表有 50 行，对于这些维度表中的行，潜在的事实表将有超过 600 万行记录。事实表非常巨大，大表难以管理。

分区可以将表分解为易于管理的小表。对事实表的分区并不是简单地分解数量。一般采用按垂直分区或水平分区（即按不同维度分区或按时间顺序分区），制定分区准则（如按产品分组）。除事实表分区外，维表也分区。每个表的分区个数是多少，在表分区后，使查询知道到所需的分区内进行。

（3）建立聚类选项。在数据仓库中，很多的数据访问是基于对大量数据的顺序访问，这可以通过聚类来提高性能、聚类是将相关的数据放在存储介质的相邻物理块进行管理。这种安排使相关联的数据能够在一次输入操作中全部取出，提高查询效率。

2.4.4.3　确定数据存放位置

数据仓库中，同一个主题的数据并不要求存放在相同的介质上。在进行物理设计时常要按数据的重要程度、使用频率以及对响应时间的要求进行分类，并将不同类的数据分别存储在不同的存储设备中，重要程度高、经常存取并对响应时间要求高的数据就存放在高速存储设备上，如硬盘；存取频率低或对存取响应时间要求低的数据则可以放在低速设备上，如磁盘或磁带。

数据存放位置的确定还要考虑到一些其他方法，如决定是否进行合并表；是否对一些经常性的应用建立数据序列；对常用的、不常修改的表或属性是否允许冗余存储。如果采用了这些技术，就要记入元数据。

2.4.4.4　确定存储分配

物理存储中以文件、块和记录来实现。一个文件包括很多块，每个块包括若干条记录。文件中的块是数据库的数据和内存之间 I/O 传输的基本单位，在那里对数据进行操作。增大文件中的块大小，可以将更多的记录和行放入一个块中，因为一次读操作可以读入更多的记录，大块减少了读操作的次数。但是，大块结构对读取记录少时，操作系统也将读入很多不必要的信息到内存中，影响了内存管理。如图 2-6 所示，我们给出了一个简例来说明逻辑模型和物理模型的内容。

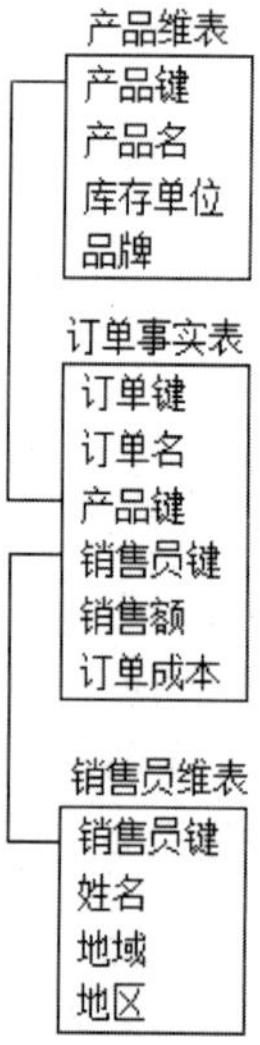

名称	类型	长度	注释
产品维表			包括公司所有产品信息
Product-Key	Integer	10	主键
Product-Name	Char	25	产品名称
Product-Sku	Char	20	库存单位
销售员维表			包括不同地区所有销售员信息
Salpers-Key	Integer	15	主键
Salpers-Name	Char	30	销售员姓名
Territory	Char	20	销售员所在区域
Region	Char	20	所在地区
订单事实表			包括公司收到的所有订单
Order-Key	Integer	10	订单键
Order-Name	Char	20	订单名称
Product-ref	Integer	10	参考产品主键
Salpers-ref	Integer	15	参考销售员主键
Order-Amount	Num	8，2	销售额
Order-cost	Num	8，2	订单成本

(a)逻辑模型　　　　　　　　(b)物理模型

图 2-6　逻辑模型和物理模型

2.4.5　数据仓库的元数据模型

数据仓库中的元数据是关于数据的数据。正是有了元数据，才使得数据仓库的最终用户可以随心所欲地使用数据仓库，利用数据仓库进行各种管理决策模式的探讨，因此可以说元数据是数据仓库的应用灵魂，没有元数据就没有数据仓库。

2.4.5.1　元数据的类型与组成

元数据作为描述数据的数据，可以对数据仓库中的各种数据进行详细的描述与说明，说明每一个数据的上下文关系，使每一个数据具有符合现实的真实含义，使用户可以了解这些数据之间的关系。

根据元数据在数据仓库中所承担的任务，可以将元数据分成静态元数据和动态元数据两大类，见表2-3。静态元数据主要与数据的结构有关，其中包括名称、描述、格式、数据类型、关系、域和业务规则等类；动态元数据主要与数据的状态与使用方法有关，其中主要包括数据质量、统计信息、状态和处理等类。

表 2-3　元数据的组成

元　数　据																	
静态元数据										动态元数据							
名称	描述	格式	数据类型	关系	生成时间	来源	索引	类别	域	业务规则	入库时间	更新周期	数据质量	统计信息	状态	处理	储存位置	储存大小	引用处

静态元数据中的名称用于为系统提供识别、区分数据的符号，如 Customer ID、Employee ID、Customer Name 等。

2.4.5.2　元数据的收集

元数据遍布在数据仓库中的任何一个地方和数据仓库的环境中。在收集业务数据的业务处理系统中有元数据，存储业务数据的数据库有元数据，抽取数据源的中间件有元数据，数据仓库数据库有元数据，数据仓库设计系统有元数据，数据仓库管理系统有元数据，数据仓库的用户工具也有元数据。

元数据的收集一般不会给开发人员带来额外的工作量，相反将有益于数据仓库的开发。例如，对于那些描述现有业务处理系统中数据库结构的元数据，数据仓库开发人员在分析数据仓库数据源时，已经了解了这些数据库的结构，他们所要做的工作只是将其存入元数据库而已。

2.4.5.3　元数据在数据仓库中的作用

数据分析员为了能有效地使用数据仓库环境，往往需要元数据的帮助。尤其是在数据分析员进行信息分析处理时，他们首先需要去查看元数据。元数据还涉及数据从操作型环境到数据仓库环境中的映射。当数据从操作型环境进入数据仓库环境时，数据要经历一系列重大的转变，包含数据的转化、过滤、汇总、结构改变等过程。数据仓库的元数据要能够及时跟踪这些转变，当数据分析员需要根据数据的变化，从数据仓库环境追溯到操作型环境时，就要利用元数据来追踪这种转变。另外，由于数据仓库中的数据会存在很长一段时间，其间数据仓库往往可能会改变数据的结构。随着时间的流逝来跟踪数据结构的变化，是元数据另一个常见的使用功能。

在传统的数据库中，元数据是对数据库中各个对象的描述，像数据库中的数据字典就是一种元数据。在关键数据库中，这种描述就是对数据库、表、列、观点和其他对象的定义。但在数据仓库中，元数据定义了数据仓库中的许多对象——表、列、查询、商业规则或是数据仓库内部的数据转移。元数据是数据仓库的重要构件，是数据仓库的指示图，它指出了数据仓库中各种信息的位置和含义。理解元数据对于了解数据仓库各构件的正确功能是非常重要的。数据抽取程序必须了解数据源的元数据和目标数据仓库的元数据。用户为了能正确有效地检索数据，也需了解数据仓库的元数据。因此，设计一个描述能力强，内容完善的元数据，对数据仓库进行有效的开发和管理具有决定性的重要意义。

2.4.6　数据仓库的索引构建

索引技术的作用在于提高数据仓库访问效率。下面介绍几种重要的数据仓库索引技术：位索引技术、广义索引、标识技术。

2.4.6.1　位索引技术

在数据仓库存储结构中，位索引是一项非常重要的索引技术。它的思路很简单，采用位索引技术，它在处理复杂的查询时，比传统数据库索引有了突破。索引技术在存储数据的方式上与传统的关系数据库有所不同，它不是以"行记录"而是以"例"为单位存储数据，即对数据进行垂直分割。对于每一个记录的字段满足查询条件的真假值用"1"或"0"的方式表示，或者用该字段中不能取值（即多位二进制）来表示。

例如，检索"美国加州有多少男性未申请保险?"

在数据库中，每个记录中对于性别是男性的字段取值为 1，女性为 0，是加州的字段取值为 1，其他为 0，对于未参加保险的字段取值为 1 数，参加保险的字段取值为 0，该三列字段值为 1 或 0。对三字段均满足条件记录进行累加。

2.4.6.2　广义索引

数据仓库的数据量巨大，所以要依靠各种各样的索引技术来提高涉及大数据量查询的速度。在从操作型数据环境抽取数据并向数据仓库中装载的同时，就可以根据用户的需要建立各种"广义索引"。对于一些经常性的查询，建立这种"广义索引"来代替对事实表的查询速度要快得多。

广义索引一般以元数据方式存放，这就和通常的索引有区别。但是广义索引建立的目的也是为了帮助用户快速完成信息查询，这和普通索引的目标是一致的。

2.4.6.3　标识技术

使用标准的数据库技术来存储数据仓库是非常昂贵的。较好的替代方法是用基于标识的技术来存储数据仓库。假设一个教师的信息数据库管理系统中的样本记录包括姓名、籍贯、职称以及年龄这些字段，随着教师信息的不断增加，数据量也逐渐增加。但是在整个数据库中有数据冗余。例如：籍贯"河北"出现了 3 次，年龄"32"则出现了 3 次，职称"讲师"出现了 5 次。因此这个数据库中有明显的物理冗余。为此，可以数据库中的每个实体创建一个标识。比如，"河北"在籍贯中是 01 标识；"32"在年龄中是 02 标识；"讲师"在职称名中有一个 03 标识。原来的数据库可以被简化为一系列标识，一旦建立完这些标识，数据库可被精简为如下的形式：

记录 1　01, 01, 01, 07
....
记录 n　02, 02, 03, 03

记录被标识以后，存储这些记录的空间将大大缩小。此外，数据量越大（也就是记录量越多），标准的数据库和标识数据库的存储需求差异也就越大。换句话说，记录量越多，基于标识的数据库的优势就越明显。使用标识数据库技术时，有几项非常有利的应用：

（1）大量压缩数据。

（2）数据越多，标识数据比标准的、基于记录的数据更有利。

（3）可以索引所有的行和所有的列。

大量压缩数据的另一个主要益处就是索引所有属性成为可能。一旦可以索引所有属性，对数据仓库的探索分析就没有限制。分析员可以用任何需要的方式查看任意字段，查询的速度就像这样：如果分析员要精炼结果，可以重新书写一个查询公式并重新运行，所有的这些重写公式表示和重新计算都可以在很短的时间里完成，这个时间远远少于标准的基于记录的数据库所需要的时间。事实上，探索数据仓库的功效依赖于基于标识的数据库技术。

2.5　数据仓库的开发过程

数据仓库的开发应用像生物一样具有其特有的、完整的生命周期，数据仓库的开发应用周期可以分为数据仓库规划分析阶段、数据仓库设计实施阶段和数据仓库的使用维护 3 个阶段，如图 2-7 所示。这 3 个阶段是一个不断循环、完善、提高的过程。因为在一般情

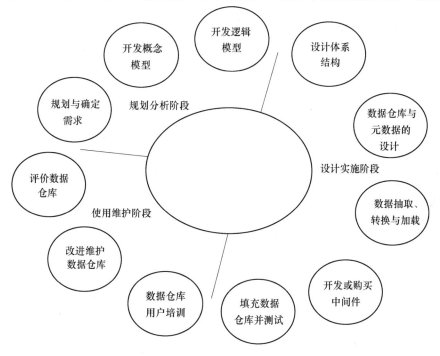

图 2-7　数据仓库的生命周期开发过程

况下，数据仓库系统不可能在一个循环过程中完成，而是经过多次循环开发，每次循环都会为系统增加新的功能，使数据仓库的应用得到新的提高。

2.5.1　数据仓库的螺旋式开发方法

当完成数据仓库规划分析阶段、数据仓库设计实施阶段和数据仓库的使用维护 3 个阶段任务后，并不意味着数据仓库开发应用就终止了，而是数据仓库开发应用向更高阶段发展的一个转变。一方面通过这 3 个阶段的数据仓库开发应用，积累了数据仓库的开发应用经验，可以转向其他主题的数据仓库开发应用；另一方面通过对原数据仓库开发应用经验的积累，可以对原数据仓库提出改进建议，使原数据仓库通过改进得到提高。这就是所谓的螺旋式周期性开发方法。这种开发方法目前在数据仓库的开发应用中占有重要比例。

数据仓库规划分析阶段的工作内容主要包括：调查、分析数据仓库环境，完成数据仓库的开发规划，确定数据仓库开发需求；建立包括实体关系图、星型模型、雪花模型、元数据模型及数据源分析的主题模型，并根据主题模型开发数据仓库的逻辑模型。

数据仓库设计实施阶段的工作内容包括：根据数据仓库的逻辑模型设计数据仓库体系结构；设计数据仓库与物理数据库；用物理数据库元数据填充元数据库；为数据仓库中每一个目标列确认数据抽取、转换与加载规则；开发或购买用于数据抽取、清洁、变换和合并的中间件；将数据从现有系统中传送到仓库中，填充数据仓库并对数据仓库进行测试。

数据仓库使用维护阶段的工作内容主要包括：对数据仓库的用户进行培训、指导；将数据仓库投入实际应用；并在应用中改进、维护数据仓库；对数据仓库进行评价，为下一循环开发提供依据。

2.5.2　数据仓库的开发策略

数据仓库的开发策略主要有自顶向下、自底向上及这两种策略的联合使用。自顶向下策略在实际应用中比较困难，因为数据仓库的作用是用于决策支持，决策支持的范围在企业战略的应用中很难界定，因为数据仓库的应用往往超出了企业当前的实际业务范围。而且在开发前就确定目标，会在实现了预定的目标后不再追求新的应用目标，使数据仓库丧失更有战略意义的应用。但是由于该策略在开发前就可以给出数据仓库的实现范围，能够清楚地向决策者和企业描述系统的收益情况和实现目标，因此是一种有效的数据仓库开发策略。该方法的使用需要开发人员具有丰富的自顶向下开发系统的经验，企业决策层和管理人员完全知道数据仓库使用的预定目标并了解数据仓库能够在哪些决策中发挥作用。

自底向上策略一般从某一数据仓库的原型开始，选择一些特定的为企业管理人员所熟知的管理决策问题作为数据仓库开发的对象，在此基础上进行数据仓库的开发。因此，该策略常常用于一个数据集市或一个部门的数据仓库开发。该策略的优点在于企业能以较小的投入获得较高的数据仓库应用效益。在这种开发过程中，人员投入较少，也容易获得成效。该策略一般用于企业希望对数据仓库的技术进行评价，以确定该技术的应用方式、应用地点和应用时间，或希望了解实现、运行数据仓库所需要的各种费用；或在数据仓库的应用目标并不是很明确，数据仓库对决策过程影响不是很明确时采用。

在自顶向下的开发策略中可以采用结构化或面向对象方法。按照数据仓库的规划、需求确定、系统分析、系统设计、系统集成、系统测试和系统试运行等阶段步骤完成数据仓库的开发。而在自底向上开发中，则可以采用螺旋式的原型开发方法，使用户可以根据新的需求对试运行的系统进行修改。螺旋式的原型开发方法要求在较短的时间内快速生成可以不断增加功能的数据仓库。

自顶向下和自底向上策略的联合使用具有两种策略的优点，既能够快速地完成数据仓库的开发与应用，而且还可以建立具有长远价值的数据仓库方案。但是在实际使用中难以操作，通常需要能够建立、应用和维护企业模型、数据模型和技术结构的，具有丰富经验的开发分析人员，能够熟练地从具体（如业务系统中的元数据）转移到抽象（只基于业务性质而不是基于实现系统技术的逻辑模型）。企业需要拥有由最终用户和信息系统人员组成的有经验的开发小组，能够清楚地说明数据仓库在企业战略决策支持中的应用。

思考题与习题

2-1　什么是数据仓库？

2-2　操作数据库与数据仓库的区别是什么？

2-3　一个典型的数据仓库的体系结构是什么？

2-4　联机分析处理（OLAP）的简单定义是什么，它体现的特征是什么？

2-5　多维数据的模型结构有哪些？

2-6　基本的多维数据分析操作包括哪些？

2-7　什么是数据仓库的逻辑模型，什么是数据仓库的物理模型？

2-8　什么是关于数据仓库映射的元数据？

2-9　数据仓库的开发周期包括哪些阶段？

第 3 章　聚　　类

教学要求： 掌握聚类与分类的概念差异；
　　　　　　掌握 K-均值聚类算法的原理；
　　　　　　了解其他几种常见聚类算法的基本原理。
重　　点： K-均值聚类算法。
难　　点： 不同聚类算法的对比分析。

第 3 章　课件

聚类与分类非常相似，它的目的是把数据对象分成各个聚类簇；但聚类与分类又有显著的不同，聚类相对于分类来讲，它是一种没有指导的学习，不存在类标号已经知道的训练数据集，进行聚类分析时没有模型可参考。聚类算法必须能自动总结出各个聚类或者簇之间的区别，根据某种规则来对数据对象进行聚类。这章我们主要从 K-均值聚类算法来展开介绍。

3.1　K-均值算法

K-均值是最普及的聚类算法，算法接受一个未标记的数据集，然后将数据聚类成不同的组。K-均值是一个迭代算法，假设我们想要将数据聚类成 n 个组，其方法为：

（1）首先选择 K 个随机的点，称为聚类中心（Cluster Centroids）。

（2）对于数据集中的每一个数据，按照距离 K 个中心点的距离，将其与距离最近的中心点关联起来，与同一个中心点关联的所有点聚成一类。

（3）计算每一个组的平均值，将该组所关联的中心点移动到平均值的位置。

（4）重复步骤（2）～（4）直至中心点不再变化。

下面是一个聚类示例，如图 3-1~图 3-3 所示。

K-均值程序

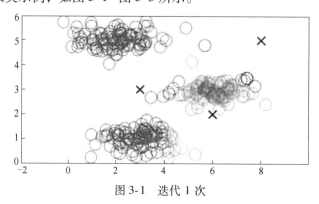

图 3-1　迭代 1 次

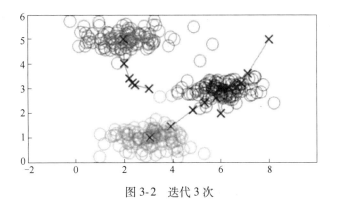

图 3-2 迭代 3 次

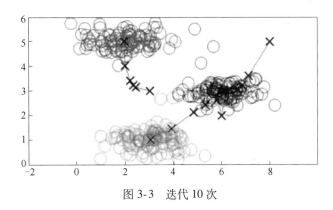

图 3-3 迭代 10 次

K-均值算法的伪代码如下：

Repeat{

for i = 1 to m

    $c^{(i)}$:= index（form 1 to K）of cluster centroid closest to $x^{(i)}$

    //其中 $c^{(1)}$, $c^{(2)}$, $\cdots$, $c^{(m)}$ 存储与第 i 个实例数据最近的聚类中心的索引

for k = 1 to K

μk := average（mean）of points assigned to cluster k   //$\mu 1$, $\mu 2$, $\cdots$, μk 表示聚类中心

}

算法分为两个步骤，第一个 for 循环是赋值步骤，第二个 for 循环是聚类中心的移动。

K-均值算法也可以很便利地用于将数据分为许多不同组，即使在没有非常明显区分的组群的情况下也可以。图 3-4 所示的数据集是包含身高和体重两项特征构成的，利用 *K*-均值算法将数据分为三类，用于帮助确定将要生产的 T 恤衫的三种尺寸。

3.1.1 优化目标

K-均值最小化问题，是要最小化所有的数据点与其所关联的聚类中心点之间的距离之和，因此 *K*-均

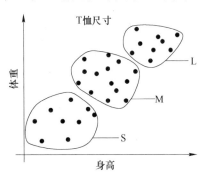

图 3-4 利用 *K*-均值确定尺寸

值的代价函数（又称畸变函数 Distortion Function）为：

$$J(c^{(1)}, \cdots, c^{(m)}, \mu_1, \cdots, \mu_K) = \frac{1}{m} \sum_{i=1}^{m} \| x^{(i)} - \mu_c^{(i)} \|^2 \tag{3-1}$$

式中，$\mu_c^{(i)}$ 代表与 $x^{(i)}$ 最近的聚类中心点。我们的优化目标便是找出使得代价函数最小的 $c^{(1)}$，$c^{(2)}$，$\cdots$，$c^{(m)}$ 和 μ_1，μ_2，$\cdots$，μ_K：

$$\min_{\substack{c^{(1)}, \cdots, c^{(m)}, \\ \mu_1, \cdots, \mu_K}} J(c^{(1)}, \cdots, c^{(m)}, \mu_1, \cdots, \mu_K) \tag{3-2}$$

回顾刚才给出的 K-均值迭代算法，我们知道，第一个循环是用于减小 $c^{(i)}$ 引起的代价，而第二个循环则是用于减小 μ_i 引起的代价。迭代的过程一定会是每一次迭代都在减小代价函数，不然便是出现了错误。

3.1.2　随机初始化

在运行 K-均值算法之前，我们首先要随机初始化所有的聚类中心点，下面介绍怎样做：

（1）我们应该选择 K<m，即聚类中心点的个数要小于所有训练集实例的数量。

（2）随机选择 K 个训练实例，然后令 K 个聚类中心分别与这 K 个训练实例相等。

K-均值的一个问题在于，它有可能会停留在一个局部最小值处，而这取决于初始化的情况。

为了解决这个问题，我们通常需要多次运行 K-均值算法，每一次都重新进行随机初始化，最后再比较多次运行 K-均值的结果，选择代价函数最小的结果。这种方法在 K 较小的时候还是可行的，但是如果 K 较大，这么做也可能不会有明显的改善。

3.1.3　选择聚类数

没有所谓最好的选择聚类数的方法，通常是需要根据不同的问题，人工进行选择的。选择的时候思考我们运用 K-均值算法聚类的动机是什么，然后选择能最好服务于该目标聚类数。

例如，我们的 T 恤制造例子中，我们要将用户按照身材聚类，我们可以分成 3 个尺寸 S、M、L，也可以分成 5 个尺寸 XS、S、M、L、XL，这样的选择是建立在回答"聚类后我们制造的 T 恤是否能较好地适合我们的客户"这个问题的基础上做出的。

3.2　层次聚类算法

根据层次分解的顺序是自底向上的还是自上向下的，层次聚类算法分为凝聚的层次聚类算法和分裂的层次聚类算法。

凝聚型层次聚类的策略是先将每个对象作为一个簇，然后合并这些原子簇为越来越大的簇，直到所有对象都在一个簇中，或者某个终结条件被满足。绝大多数层次聚类属于凝聚型层次聚类，它们只是在簇间相似度的定义上有所不同。四种广泛采用的簇间距离度量方法如下：

（1）最小距离：

$$d_{\min}(c_i, c_j) = \min_{p \subset c_i, p' \subset c_j} | p - p' | \tag{3-3}$$

（2）最大距离：

$$d_{\max}(c_i, c_j) = \max_{p \subset c_i, p' \subset c_j} | p - p' | \tag{3-4}$$

（3）平均值的距离：

$$d_{\mathrm{mean}}(c_i, c_j) = | m_i - m_j | \tag{3-5}$$

（4）平均距离：

$$d_{\mathrm{avg}}(c_i, c_j) = \frac{1}{n_i n_j} \sum_{p \subset c_i} \sum_{p' \subset c_j} | p - p' | \tag{3-6}$$

这里，$| p - p' |$ 是两个对象 p 和 p' 之间的距离；m_i 是簇 c_i 的平均值；n_i 是簇 c_i 中对象的数目。

这里给出采用最小距离的凝聚层次聚类算法流程：

（1）将每个对象看作一类，计算两两之间的最小距离；

（2）将距离最小的两个类合并成一个新类；

（3）重新计算新类与所有类之间的距离；

（4）重复（2）、（3），直到所有类最后合并成一类。

层次聚类程序

3.3 SOM 聚类算法

SOM 神经网络[11]是由芬兰神经网络专家 Kohonen 教授提出的，该算法假设在输入对象中存在一些拓扑结构或顺序，可以实现从输入空间（n 维）到输出平面（2 维）的降维映射，其映射具有拓扑特征保持性质，与实际的大脑处理有很强的理论联系。

SOM 网络包含输入层和输出层。输入层对应一个高维的输入向量，输出层由一系列组织在 2 维网格上的有序节点构成，输入节点与输出节点通过权重向量连接。学习过程中，找到与之距离最短的输出层单元，即获胜单元，对其更新。同时，将邻近区域的权值更新，使输出节点保持输入向量的拓扑特征。

SOM 程序

算法流程：

（1）网络初始化，对输出层每个节点权重赋初值。

（2）将输入样本中随机选取输入向量，找到与输入向量距离最小的权重向量。

（3）定义获胜单元，在获胜单元的邻近区域调整权重使其向输入向量靠拢。

（4）提供新样本、进行训练。

（5）收缩邻域半径、减小学习率、重复，直到小于允许值，输出聚类结果。

3.4 FCM 聚类算法

1965 年，美国加州大学柏克莱分校的扎德教授第一次提出了"集合"的概念。经过十多年的发展，模糊集合理论渐渐被应用到各个实际应用方面。为克服非此即彼的分类缺点，出现了以模糊集合论为数学基础的聚类分析。用模糊数学的方法进行聚类分析，就是模糊聚类分析[12]。

FCM 算法是一种以隶属度来确定每个数据点属于某个聚类程度的算法。该聚类算法是传统硬聚类算法的一种改进。

设数据集 $X = \{x_1,\ x_2,\ \cdots,\ x_n\}$，它的模糊 c 划分可用模糊矩阵 $U = [u_{ij}]$ 表示，矩阵 U 的元素 u_{ij} 表示第 $j(j = 1,\ 2,\ \cdots,\ n)$ 个数据点属于第 $i(i = 1,\ 2,\ \cdots,\ c)$ 类的隶属度，u_{ij} 满足如下条件：

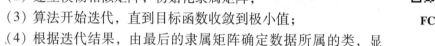

$$\forall j,\ \sum_{i=1}^{c} u_{ij} = 1;\ \forall i,\ ju_{ij} \in [0,\ 1];\ \forall i,\ \sum_{j=1}^{n} u_{ij} > 0 \tag{3-7}$$

目前被广泛使用的聚类准则为聚类内加权误差平方和的极小值，即：

$$(\min)J_m(U,\ V) = \sum_{j=1}^{n} \sum_{i=1}^{c} u_{ij}^m d_{ij}^2(x_j,\ v_i) \tag{3-8}$$

式中，V 为聚类中心，m 为加权指数，$d_{ij}(x_j,\ v_i) = \| v_i - x_j \|$。

算法流程如下：

（1）标准化数据矩阵；

（2）建立模糊相似矩阵，初始化隶属矩阵；

（3）算法开始迭代，直到目标函数收敛到极小值；

（4）根据迭代结果，由最后的隶属矩阵确定数据所属的类，显示最后的聚类结果。

FCM 程序

3.5　几种聚类算法的分析

实验中，选取专门用于测试分类、聚类算法的国际通用的 UCI 数据库中的 IRIS[13] 数据集，IRIS 数据集包含 160 个样本数据，分别取自三种不同的鸢尾属植物 setosa、versicolor 和 virginica 的花朵样本，每个数据含有 4 个属性，即萼片长度、萼片宽度、花瓣长度，单位为 cm。在数据集上执行不同的聚类算法，可以得到不同精度的聚类结果。

如表 3-1 所示，对于四种聚类算法，按三方面进行比较：

（1）聚错样本数：总的聚错的样本数，即各类中聚错的样本数的和。

（2）运行时间：即聚类整个过程所耗费的时间，单位为 s。

（3）平均准确度：设原数据集有 k 个类，用 c_i 表示第 i 类，n_i 为 c_i 中样本的个数，m_i 为聚类正确的个数，则 m_i/n_i 为第 i 类中的精度，则平均准确度为：$\mathrm{avg} = \dfrac{1}{k} \sum_{i=1}^{k} m_i/n_i$。

表 3-1　三种聚类方法的实验对比结果

聚类方法	聚错样本数	运行时间/s	平均准确度/%
K-均值	17	0.146001	89
层次聚类	51	0.128744	66
FCM	12	0.470417	92
SOM	22	5.267283	86

四种聚类算法中，在运行时间及准确度方面综合考虑，K-均值和 FCM 相对优于其他。

但是，各个算法还是存在固定缺点：K-均值聚类算法的初始点选择不稳定，是随机选取的，这就引起聚类结果的不稳定，本实验中虽是经过多次实验取的平均值，但是具体初始点的选择方法还需进一步研究；层次聚类虽然不需要确定分类数，但是一旦一个分裂或者合并被执行，就不能修正，聚类质量受限制；FCM 对初始聚类中心敏感，需要人为确定聚类数，容易陷入局部最优解；SOM 与实际大脑处理有很强的理论联系。但是处理时间较长，需要进一步研究使其适应大型数据库。由于以上所介绍的聚类方法都存在着某些缺点，因此近些年对于聚类分析的研究很多都专注于改进现有的聚类方法或者是提出一种新的聚类方法。

随着信息时代的到来，对大量的数据进行分析处理是一个很庞大的工作，这就关系到一个计算效率的问题。目前许多聚类方法处理小规模数据和低维数据时性能比较好，但是当数据规模增大、维度升高时，性能就会急剧下降，比如 K-均值方法处理小规模数据时性能很好，但是随着数据量增多，效率就逐渐下降，而现实生活中的数据大部分又都属于规模比较大、维度比较高的数据集。有文献提出了一种在高维空间挖掘映射聚类的方法 PCKA（Projected Clustering based on the K-Means Algorithm），它从多个维度中选择属性相关的维度，去除不相关的维度，沿着相关维度进行聚类，以此对高维数据进行聚类。

目前的许多算法都只是理论上的，经常处于某种假设之下，比如聚类能很好地被分离，没有突出的孤立点等，但是现实数据通常是很复杂的，噪声很大，因此如何有效的消除噪声的影响，提高处理现实数据的能力还有待进一步的提高。几种常用的聚类算法从可伸缩性、适合的数据类型、高维性（处理高维数据的能力）、异常数据的抗干扰度、聚类形状和算法效率 6 个方面进行了综合性能评价，评价结果如表 3-2 所示。

表 3-2　聚类算法的综合性能评价

聚类算法的类型	算法名称	可伸缩性	适合的数据类型	高维性	异常数据的抗干扰性	聚类形状	算法效率
基于划分	K-Prototypes	一般	混合型	较低	较低	任意形状	一般
	CLARANS	较低	数值型	较低	较高	球形	较低
基于层次	ROCK	很高	混合型	很高	很高	任意形状	一般
	BIRCH	较高	数值型	较低	较低	球形	很高
	CURE	较高	数值型	一般	很高	任意形状	较高
基于密度	DENCLUE	较低	数值型	较高	一般	任意形状	较高
	DBSCAN	一般	数值型	较低	较高	任意形状	一般
基于网格	WaveCluster	很高	数值型	很高	较高	任意形状	很高
	OptiGrid	一般	数值型	较高	一般	任意形状	一般
	CLIQUE	较高	数值型	较高	较高	任意形状	较低

思考题与习题

3-1　许多自动地确定簇个数的划分聚类算法都声称这是它们的优点。列举两种情况，表明事实并非如此。

3-2 给定 K 个等大小的簇，随机选取的初始质心来自一个给定的簇的概率是 $1/K$，但是每个簇恰好包含一个初始质心的概率要低得多（应当清楚，每个簇有一个初始质心对于 K-均值是一个很好的开端）。一般地说，如果有 K 个簇，而每个簇有 n 个点，则在一个大小为 K 的样本中，由每个簇选取一个初始质心的概率 p 由公式（3-9）给出（假定采用有放回抽样）。例如，由该公式我们可以计算 4 个簇每个具有一个初始质心的可能性是 $4!/4^4 = 0.0938$。

$$p = \frac{\text{从每个簇选取一个质心的选法}}{\text{选取 } K \text{ 个质心的选法}} = \frac{K! \, n^K}{(Kn)^K} = \frac{K!}{K^K} \tag{3-9}$$

（1）对于 2 和 100 之间的 K 值，绘制从每个簇得到一个点的概率。

（2）对于 K 个簇，$K=10$、100 和 1000，找出大小为 $2K$ 的样本至少包含来自每个簇中的一个点的概率，可以使用数字方法或统计估计确定答案。

3-3 对于下面的二维点集，（1）简略描述对于给定的簇个数，如何使用 K-均值将它们划分成簇；（2）指出结果质心大约在何处。假定使用平方误差目标函数，如果你认为存在多于一个解，则指出每个解是全局最小还是局部最小。注意，图 3-5 中，每个图的标记与本题的对应部分匹配；例如，图 3-5（a）与（1）问题匹配。

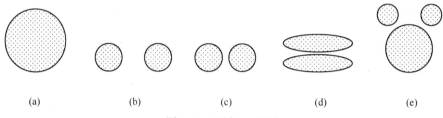

图 3-5 习题 3-3 的图

（1）$K=2$。假定点均匀分布在圆中，（理论上）有多少种方法能将这些点划分成两个簇，两个质心在何处（不必提供质心的准确位置，只需要定性描述）？

（2）$K=3$。两个圆的边之间的距离略大于圆的半径。

（3）$K=3$。两个圆的边之间的距离比圆的半径小得多。

（4）$K=2$。

（5）$K=3$。提示：利用对称性，并且记住我们只是寻找粗略的结果。

3-4 给定具有 100 个记录的数据集，要求对数据聚类。使用 K-均值对数据聚类，但是对所有的 K 值（$1 \leqslant K \leqslant 100$），$K$-均值算法都只返回一个非空簇。再用 K-均值的增量版本，但得到的结果完全相同，这是怎么回事？

第4章　关联规则挖掘

教学要求：掌握关联规则的基本概念；

　　　　　　掌握关联规则的基本算法；

　　　　　　了解关联规则的发展及应用现状。

重　　点：关联规则的学习算法。

难　　点：Apriori 算法；

　　　　　　FP-Tree 算法。

第4章　课件

　　关联规则挖掘就是从事务数据库、关系数据库和其他信息存储中的大量数据的项集之间发现有趣的、频繁出现的模式、关联和相关性。关联规则的主要兴趣度度量指标有两个：一个是支持度，一个是置信度。如果一个模式既能满足支持度的要求又满足置信度的要求，我们称这个模式为强关联规则。计算关联规则本身并不复杂，但如何从大型数据库中把满足支持度和置信度的模式提取出来，这不是一个简单的事情，这章我们主要讲从大型数据库中挖掘关联规则，涉及 Apriori 算法和 FP-Tree 算法。

4.1　关联规则挖掘

4.1.1　关联规则提出背景

　　1993 年，Agrawal 等人首先提出关联规则概念，同时给出了相应的挖掘算法 AIS，但是性能较差。1994 年，他们建立了项目集格空间理论，并依据上述两个定理，提出了著名的 Apriori 算法，至今 Apriori 仍然作为关联规则挖掘的经典算法被广泛讨论，以后诸多的研究人员对关联规则的挖掘问题进行了大量的研究。关联规则挖掘在数据挖掘中是一个重要的课题，最近几年已被业界所广泛研究。

　　关联规则最初提出的动机是针对购物篮分析（Market Basket Analysis）问题提出的。假设分店经理想更多的了解顾客的购物习惯。特别是，想知道哪些商品顾客可能会在一次购物时同时购买？为回答该问题，可以对商店的顾客事物零售数量进行购物篮分析。该过程通过发现顾客放入"购物篮"中的不同商品之间的关联，分析顾客的购物习惯。这种关联的发现可以帮助零售商了解哪些商品频繁地被顾客同时购买，从而帮助他们开发更好的营销策略。

4.1.2　关联规则的基本概念

　　关联规则定义为：假设 $I = \{i_1, i_2, \cdots, i_m\}$ 是项的集合，给定一个交易数据库 $D =$

$\{t_1,~t_2,~\cdots,~t_m\}$，其中每个事务（Transaction）$t$ 是 I 的非空子集，即 $t \in I$，每一个交易都与一个唯一的标识符 TID（Transaction ID）对应。关联规则是形如 $X \Rightarrow Y$ 的蕴涵式，其中 X，$Y \in I$ 且 $X \cap Y = \phi'$，X 和 Y 分别称为关联规则的先导（antecedent 或 left-hand-side，LHS）和后继（consequent 或 right-hand-side，RHS）。关联规则 $X \Rightarrow Y$ 在 D 中的支持度（Support）是 D 中事务包含 $X \cup Y$ 的百分比，即概率 $P(X \cup Y)$；置信度（Confidence）是包含 X 的事务中同时包含 Y 的百分比，即条件概率 $P(Y \mid X)$。如果满足最小支持度阈值和最小置信度阈值，则称关联规则是有趣的。这些阈值由用户或者专家设定。

用一个简单的例子说明，见表 4-1。

表 4-1 顾客购买记录

TID	网球拍	网球	运动鞋	羽毛球
1	1	1	1	0
2	1	1	0	0
3	1	0	0	0
4	1	0	1	0
5	0	1	1	1
6	1	1	0	0

表 4-1 是顾客购买记录的数据库 D，包含 6 个事务。项集 $I = \{$网球拍，网球，运动鞋，羽毛球$\}$。考虑关联规则：网球拍 $\Rightarrow$ 网球，事务 1、2、3、4、6 包含网球拍，事务 1、2、5、6 同时包含网球拍和网球，支持度 $\text{support} = \dfrac{3}{6} = 0.5$，置信度 $\text{confident} = \dfrac{3}{5} = 0.6$。若给定最小支持度 $\alpha = 0.5$，最小置信度 $\beta = 0.8$，关联规则网球拍 $\Rightarrow$ 网球是有趣的，认为购买网球拍和购买网球之间存在关联。

4.1.3 关联规则的分类

按照不同标准，关联规则可以进行分类如下：

（1）基于规则中处理的变量的类别，关联规则可以分为布尔型和数值型。布尔型关联规则处理的值都是离散的、种类化的，它显示了这些变量之间的关系；而数值型关联规则可以和多维关联或多层关联规则结合起来，对数值型字段进行处理，将其进行动态的分割，或者直接对原始的数据进行处理，当然数值型关联规则中也可以包含种类变量。例如：性别 = "女" $\Rightarrow$ 职业 = "秘书"，是布尔型关联规则；性别 = "女" $\Rightarrow$ avg（收入） = 2300，涉及的收入是数值类型，所以是一个数值型关联规则。

（2）基于规则中数据的抽象层次，可以分为单层关联规则和多层关联规则。在单层的关联规则中，所有的变量都没有考虑到现实的数据是具有多个不同的层次的；而在多层的关联规则中，对数据的多层性已经进行了充分的考虑。例如：IBM 台式机 $\Rightarrow$ Sony 打印机，是一个细节数据上的单层关联规则；台式机 $\Rightarrow$ Sony 打印机，是一个较高层次和细节层次之间的多层关联规则。

（3）基于规则中涉及的数据的维数，关联规则可以分为单维的和多维的。在单维的关联规则中，我们只涉及数据的一个维，如用户购买的物品；而在多维的关联规则中，要处理的数据将会涉及多个维。换成另一句话，单维关联规则是处理单个属性中的一些关系；多维关联规则是处理各个属性之间的某些关系。例如：啤酒⇒尿布，这条规则只涉及用户的购买的物品；性别＝"女"⇒职业＝"秘书"，这条规则就涉及两个字段的信息，是两个维上的一条关联规则。

4.2 关联规则挖掘的相关算法

关联规则最为经典的算法是 Apriori 算法。由于它本身有许多固有缺陷，后来的研究者又纷纷提出了各种改进算法或者不同的算法，频繁模式树（FP-Tree）算法应用也十分广泛。本文将就这两种典型算法进行研究。

4.2.1 Apriori 算法预备知识

关联规则的挖掘分为两步：（1）找出所有频繁项集；（2）由频繁项集产生强关联规则，而其总体性能由第一步决定。

在搜索频繁项集的时候，最简单、基本的算法就是 Apriori 算法。它是 R. Agrawal 和 R. Srikant 于 1994 年提出的为布尔关联规则挖掘频繁项集的原创性算法。算法的名字基于这样一个事实：算法使用频繁项集性质的先验知识。Apriori 使用一种称作逐层搜索的迭代方法，k 项集用于探索（$k+1$）项集。首先，通过扫描数据库，累积每个项的计数，并收集满足最小支持度的项，找出频繁 1 项集的集合，该集合记作 L_1。然后，L_1 用于找频繁 2 项集的集合 L_2，L_1 用于找 L_2，如此下去，直到不能再找到频繁 k 项集。找每个 L_k 需要一次数据库全扫描。

为提高频繁项集逐层产生的效率，一种称作 Apriori 性质的重要性质用于压缩搜索空间。Apriori 性质：频繁项集的所有非空子集也必须是频繁的。Apriori 性质基于如下观察。根据定义，如果项集 I 不满足最小支持度阈值 min_sup，则 I 不是频繁的，即 $P(I)$ <min_sup。如果项 A 添加到项集 I，则结果项集（即 $I \cup A$）不可能比 I 更频繁出现。因此，$I \cup A$ 也不是频繁的，即 $P(I \cup A) < \text{min\_sup}$。

4.2.2 Apriori 算法的核心思想

Apriori 核心算法思想简要描述如下：该算法中有两个关键步骤连接步和剪枝步。

（1）连接步：为找出 L_k（频繁 k 项集），通过 L_{k-1} 与自身连接，产生候选 k 项集，该候选项集记作 C_k；其中 L_{k-1} 的元素是可连接的。

（2）剪枝步：C_k 是 L_k 的超集，即它的成员可以是也可以不是频繁的，但所有的频繁项集都包含在 C_k 中。扫描数据库，确定 C_k 中每一个候选的计数，从而确定 L_k（计数值不小于最小支持度计数的所有候选是频繁的，从而属于 L_k）。然而，C_k 可能很大，这样所涉及的计算量就很大。为压缩 C_k，使用 Apriori 性质：任何非频繁的（$k-1$）项集都不可能是频繁 k 项集的子集。因此，如果一个候选 k 项集的（$k-1$）项集不在 L_k 中，则该候选项也不可能是频繁的，从而可以由 C_k 中删除。这种子集测试可以使用所有频繁项集的散列树快速完成。

4.2.3 Apriori 算法描述

Apriori 程序

Apriori 算法，使用逐层迭代找出频繁项集。

输入：事务数据库 D；最小支持度阈值 min _ sup。

输出：D 中的频繁项集 L。

（1）L_1 = find _ frequent _ 1-itemsets （D）；

（2）for （k=2；$L_{k-1} \neq \Phi$；k++）{

（3）C_k = aproiri _ gen （L_{k-1}, min _ sup）；

（4）for each transaction t∈D { //扫描 D 用于计数

（5）C_t = subset （C_k, t）；//得到 t 的子集，它们是候选

（6）for each candidate c∈C_t

（7）c. count++；

（8）}

（9）L_k = {c∈C_k | c. count ≥ min _ sup}

（10）}

（11）return L=∪kL_k；

Procedure aproiri _ gen （L_{k-1}: frequent （k−1）-itemsets）

（1）for each itemsets I_1∈L_{k-1}

（2）for each itemsets I_1∈L_{k-1}

（3）if （$I_1[1]$=$I_2[1]$）∧（$I_1[2]$=$I_2[2]$）∧…∧（$I_1[k-2]$=$I_2[k-2]$）∧（$I_1[k-1]$< $I_2[k-1]$）then{

（4）c=$I_1 \oplus I_2$；// 连接步：产生候选

（5）if has _ infrequent _ subset （c, L_{k-1}）then

（6）delete c；//剪枝步：删除非频繁的候选

（7）else add c to C_k；

（8）}

（9）return C_k；

Procedure has _ infrequent _ subset （c：candidate k-itemset；L_{k-1}: frequent （k−1）-itemsets）//使用先验知识

（1）for each （k−1）-subset s of c

（2）If s∉L_{k-1} then

（3）return TRUE

（4）return FALSE

4.2.4 Apriori 算法评价

基于频繁项集的 Apriori 算法采用了逐层搜索的迭代的方法，算法简单明了，没有复杂的理论推导，也易于实现。但其有一些难以克服的缺点：

（1）对数据库的扫描次数过多。在 Apriori 算法的描述中，我们知道，每生成一个候选项集，都要对数据库进行一次全面的搜索。如果要生成最大长度为 N 的频繁项集，那么

就要对数据库进行 N 次扫描。当数据库中存放大量的事务数据时，在有限的内存容量下，系统 I/O 负载相当大，每次扫描数据库的时间就会很长，这样其效率就非常低。

（2）Apriori 算法会产生大量的中间项集。Apriori _ gen 函数是用 L_{k-1} 产生候选 C_k，所产生 C_k 由 $C_{L_{k-1}}^k$ 个 k 项集组成。显然，k 越大所产生的候选 k 项集的数量呈几何级数增加。如频繁 1 项集的数量为 104 个，长度为 2 的候选项集的数量将达到 5×107 个，如果要生成一个更长规则，其需要产生的候选项集的数量将是难以想象的，如同天文数字。

（3）采用唯一支持度，没有将各个属性重要程度的不同考虑进去。在现实生活中，一些事务的发生非常频繁，而有些事务则很稀疏，这样对挖掘来说就存在一个问题：如果最小支持度阈值定得较高，虽然加快了速度，但是覆盖的数据较少，有意义的规则可能不被发现；如果最小支持度阈值定得过低，那么大量的无实际意义的规则将充斥在整个挖掘过程中，大大降低了挖掘效率和规则的可用性，这都将影响甚至误导决策的制定。

（4）算法的适应面窄。该算法只考虑了单维布尔关联规则的挖掘，但在实际应用中，可能出现多维的、数值的、多层的关联规则。这时，该算法就不再适用，需要改进，甚至需要重新设计算法。

4.2.5 Apriori 算法改进

鉴于 Apriori 算法本身存在一些缺陷，在实际应用中往往不能令人感到满意。为了提高 Apriori 算法的性能，已经有许多变种对 Apriori 进一步改进和扩展。可以通过以下几个方面对 Apriori 算法进行改进：（1）通过减少扫描数据库的次数改进 I/O 的性能。（2）改进产生频繁项集的计算性能。（3）寻找有效的并行关联规则算法。（4）引入抽样技术改进生成频繁项集的 I/O 和计算性能。（5）扩展应用领域，如：定量关联规则、泛化关联规则及周期性的关联规则的研究。

目前许多专家学者通过大量的研究工作，提出了一些改进的算法以提高 Apriori 的效率，简要介绍如下。

4.2.5.1 基于抽样（Sampling）技术

该方法的基本思想是：选取给定数据库 D 的随机样本 S，然后，在 S 中搜索频繁项目集。样本 S 的大小这样选取，使得可以在内存搜索 S 中的频繁项目集，它只需要扫描一次 S 中的事务。由于该算法搜索 S 中的而不是 D 中的频繁项目集，可能会丢失一些全局频繁项目集。为了减少这种可能性，该算法使用比最小支持度低的支持度阈值来找出样本 S 中的频繁项目集（记作 LS）。然后，计算 LS 中每个项目集的支持度。有一种机制可以用来确定是否所有的频繁项目集都包含在 LS 中。如果 LS 包含了 D 中的所有频繁项目集，则只需要扫描一次 D，否则，需要第二次扫描 D，以找出在第一次扫描时遗漏的频繁项目集。

4.2.5.2 基于动态的项目集计数

该算法把数据库分成几块，对开始点进行标记，重复扫描数据库。与 Apriori 算法不同，该算法能在任何开始点增加新的候选项目集，而不是正好在新数据库的开始，在每个开始点，该算法估计所有项目集的支持度，如果它的所有子集被估计为是频繁的，增加该项目集到候选项目集中。如果该算法在第一次扫描期间增加了所有的频繁项目集和负边界到候选项目集中，它会在第二次扫描期间精确计算每个项目集的支持度。因此，该算法在第二次扫描后完成所有操作。

4.2.5.3 基于划分的方法

PARTITION 算法首先将事务数据库分割成若干个互不重叠的子数据库，分别进行频繁项集挖掘，最后将所有的局部频繁项集合并作为整个交易库的候选项集。扫描一遍原始数据库计算候选集的支持度。算法生成整个交易数据库的频繁项集只需要扫描数据库两次。

4.2.5.4 基于 hash 技术

通过使用 hash 技术，DHP（Direct-Hush and Prune）可以在生成候选集时过滤掉更多的项集。所以每一次生成的候选集都更加逼近频繁集。这种技术对于两项候选集的剪枝尤其有效。另一方面，DHP 技术还可以有效地削减每一次扫描数据库的规模。

4.2.5.5 事务压缩（压缩进一步迭代扫描的事务数）

这是算法 Apriori-Tid 的基本思想：减少用于未来扫描的事务集的大小。如果在数据库遍历中将一些不包含 k-频繁相集的事务删除，那么在下一次循环中就可以减少扫描的事务量，而不会影响候选集的支持度阈值。

4.2.6 频繁模式树算法

在上面介绍的 Apriori 算法中，由于 Apriori 方法的固有的缺陷还是无法克服，即使进行了优化，其效率也仍然不能令人满意。Han Jiawei 等人提出了基于频繁模式树（Frequent Pattern Tree，简称为 FP-Tree）的发现频繁项目集的算法 FP-growth。

这种方法在经过第一遍扫描之后，把数据库中的频繁项目集压缩成一棵频繁模式树，同时依然保留其中的管理信息。随后再将 FP-Tree 分化成一些条件库，每个库和一个长度为 L 的频繁项目集相关，然后再对这些条件库分别进行挖掘。当原始数据库很大时，也可以结合划分的方法使得一个 FP-Tree 可以放入主存中。实验证明，FP-growth 对不同长度的规则都有很好的适应性，同时在效率上较 Apriori 算法有巨大的提高。这个算法只进行两次数据库扫描，它不使用候选项目集，直接压缩数据库成一个频繁模式树，最后通过这棵树生成关联规则。

4.3 关联规则的应用

4.3.1 关联规则挖掘技术在国内外的应用现状

就目前而言，关联规则挖掘技术已经被广泛应用在西方金融行业企业中，它可以成功预测银行客户需求。一旦获得了这些信息，银行就可以改善自身营销。各银行在自己的 ATM 机上就捆绑了顾客可能感兴趣的本行产品信息，供使用本行 ATM 机的用户了解。同时，一些知名的电子商务站点也从强大的关联规则挖掘中受益。这些电子购物网站使用关联规则对规则进行挖掘，然后设置用户有意要一起购买的捆绑包。也有一些购物网站使用它们设置相应的交叉销售，也就是购买某种商品的顾客会看到相关的另外一种商品的广告。

但是目前在我国，"数据大规模，信息缺乏"是商业银行在数据大集中之后普遍所面对的尴尬。目前金融业实施的大多数数据库只能实现数据的录入、查询、统计等较低层次的功能，却无法发现数据中存在的各种有用的信息，譬如对这些数据进行分析，发现其数据模式及特征，然后可能发现某个客户、消费群体或组织的金融和商业兴趣，并可观察金融市场的变化趋势。可以说，关联规则的挖掘技术在我国的研究与应用并不是广泛深入。

4.3.2 关联规则在大型超市中应用的步骤

接下来以关联规则在超级市场中的应用为例，挖掘基于关联规则的商品销售模式。

超级市场的数据不仅十分庞大、复杂，而且包含着许多有用信息。随着数据挖掘技术的发展以及各种数据挖掘方法的应用，从大型超市数据库中可以发现一些潜在的、有用的、有价值的信息，从而应用于超级市场的经营。通过对所积累的销售数据的分析，可以得出各种商品的销售信息，从而更合理地制定各种商品的订货情况，对各种商品的库存进行合理地控制。另外根据各种商品销售的相关情况，可分析商品的销售关联性，从而可以进行商品的货篮分析和组合管理，以更加有利于商品销售。

这里我们以世纪联华超市 2016 年 1 月 25 日和 26 日的所有销售记录为例进行分析。该数据来源于世纪联华超市的收银台。

4.3.2.1 数据描述及预处理

首先，通过 ODBC 连接 access 数据库中的原始表格，原始数据见表 4-2。

表 4-2　原始数据库

流水号	填单时间	商品名称	销售数量	中类代码	中类名称
201001250001	2010/1/25 8：13：32	散装扁鱼	0.7180	2010	鱼类
201001250001	2010/1/25 8：13：32	散装自制金牌翅中	0.1630	2001	熟食类
201001250001	2010/1/25 8：13：32	散装黄芽菜	0.7800	2040	蔬菜
201001250002	2010/1/25 8：16：07	散装沙糖桔	0.9970	2041	水果
201001250002	2010/1/25 8：16：07	散装农华 80 径冰糖心苹果	1.2040	2041	水果
201001250003	2010/1/25 8：21：32	楼外楼糖醋里脊	1.0000	2052	盆菜
201001250004	2010/1/25 8：23：34	新鲜猪前腿肉	0.4190	2020	家畜类
201001250005	2010/1/25 8：24：45	散装 6 片大排	0.3010	2020	家畜类
201001250005	2010/1/25 8：24：45	散装 6 片大排	0.3070	2020	家畜类
201001250005	2010/1/25 8：24：45	散装 6 片大排	0.3350	2020	家畜类
201001250005	2010/1/25 8：24：45	散装 6 片大排	0.3170	2020	家畜类
201001250005	2010/1/25 8：24：45	散装汤骨	6.0030	2020	家畜类
201001250005	2010/1/25 8：24：45	新鲜夹心肉末	4.0020	2020	家畜类
201001250005	2010/1/25 8：24：45	新鲜夹心肉末	4.8850	2020	家畜类
201001250005	2010/1/25 8：24：45	新鲜夹心肉末	5.5360	2020	家畜类
201001250005	2010/1/25 8：24：45	新鲜夹心肉末	5.5010	2020	家畜类
201001250006	2010/1/25 8：28：04	散装钟华炸臭豆腐	0.3350	2001	熟食类
201001250006	2010/1/25 8：28：04	散装钟华炸素鸡	0.2600	2001	熟食类

续表 4-2

流水号	填单时间	商品名称	销售数量	中类代码	中类名称
201001250007	2010/1/25 8:29:48	祖名特白豆腐	1.0000	2051	熟食类
201001250007	2010/1/25 8:29:48	散装青菜	1.0080	2040	蔬菜
201001250007	2010/1/25 8:29:48	散装大白菜	1.1980	2040	蔬菜
201001250007	2010/1/25 8:29:48	湖羊鲜洁酿制酱油	2.0000	1022	调味品
201001250008	2010/1/25 8:31:12	五桥糯米粉	1.0000	1023	粮油杂粮
201001250009	2010/1/25 8:31:59	散装土豆	0.5700	2040	蔬菜
201001250009	2010/1/25 8:31:59	光明原味酸奶（8 连杯）	1.0000	2050	乳制品
201001250009	2010/1/25 8:31:59	散装萝卜	1.3420	2040	蔬菜

然后，通过编写 Select 语句，获得 CusCode、itemname 有序编号和物品名称，分别见表 4-3 和表 4-4。

表 4-3　存放顾客 CusCode 的数组

cus[670]	1	2	3	4	5	6	…
code	201001250001	201001250002	201001250003	201001250004	201001250005	201001250006	…

表 4-4　itemname 的数组

item[70]	1	2	3	4	5	6	…
name	鱼类	熟食类	蔬菜	水果	盆菜	家畜类	…

最后，将数据库中的客户购买信息转化为 0-1 表（其中 1 代表购买，0 代表没有购买），结果见表 4-5。

表 4-5　0-1 表

a[670][70]	1	2	3	4	5	6	…
1	1	1	1	0	0	0	…
2	0	0	0	1	0	0	…
3	0	0	0	0	1	0	…
4	0	0	0	0	0	1	…
5	0	0	0	0	0	1	…
6	0	1	0	0	0	0	…
⋮	⋮	⋮	⋮	⋮	⋮	⋮	⋮

4.3.2.2　计算结果及分析

根据超市各种商品销售量、顾客购买情况等信息，不同的超市可以根据各自的实际情况设定不同的最小支持度和最小置信度。这里我们设定最小支持度为 0.2，最小置信度为 0.7。计算机运行结果如图 4-1 所示。

得出频繁项集有{厨房配件}、{蜜饯糖果零食类}、{蔬菜}、{水果}、{办公设备、厨房配件}、{贝壳类、蔬菜}、{贝壳类、水果}、{成品、厨房配件}、{急救用品、蜜饯糖果零食类}、{啤酒、水果}。关联规则有：办公设备⇒厨房配件、贝壳类⇒蔬菜、贝壳类⇒水果、成品⇒厨房配件、急救用品⇒蜜饯糖果零食类、啤酒⇒水果。由此可以看出，当顾客购买办公设备或者成品时，很有可能会同时购买厨房配件；当顾客购买贝壳类时，很有可能会同时购买蔬菜、

图 4-1 计算机运行结果

水果;当顾客购买啤酒时,很有可能会同时购买水果。从总体上看,贝壳类、蔬菜、水果及啤酒很有可能被同时购买。

以上分析结果对于世纪联华超市的物品摆放、顾客的购买模式研究、商品的进货管理等方面都有一定指导意义。世纪联华超市可以在商品摆放上将办公设备和厨房配件就近摆放,将贝壳类、蔬菜、水果和啤酒就近摆放,而办公设备和厨房配件则应该与贝壳类、蔬菜、水果和啤酒相对分开。超市在进货及库存管理上也应该注意以上几种商品数量的协调,从而更好地满足顾客。

思考题与习题

4-1　考虑表4-6中显示的数据集。

表 4-6　购物篮事务的例子

顾客 ID	事务 ID	购买项
1	0001	$\{a,d,e\}$
1	0024	$\{a,b,c,e\}$
2	0012	$\{a,b,d,e\}$
2	0031	$\{a,c,d,e\}$

顾客 ID	事务 ID	购买项
3	0015	$\{b,c,e\}$
3	0022	$\{b,d,e\}$
4	0029	$\{c,d\}$
4	0040	$\{a,b,c\}$
5	0033	$\{a,d,e\}$
5	0038	$\{a,b,e\}$

(1) 将每个事务 ID 视为一个购物篮,计算项集 $\{e\}$, $\{b,d\}$ 和 $\{b,d,e\}$ 的支持度。

(2) 使用 (1) 的计算结果,计算关联规则 $\{b,d\} \rightarrow \{e\}$ 和 $\{e\} \rightarrow \{b,d\}$ 的置信度。置信度是对称的度量吗?

(3) 将每个顾客 ID 作为一个购物篮,重复 (1)。应当将每个项看做一个二元变量(如果一个项在顾客的购买事务中至少出现了一次,则为 1;否则为 0)。

(4) 使用 (3) 的计算结果,计算关联规则 $\{b,d\} \rightarrow \{e\}$ 和 $\{e\} \rightarrow \{b,d\}$ 的置信度。

(5) 假定 s_1 和 c_1 是将每个事务 ID 作为一个购物篮时关联规则 r 的支持度和置信度,而 s_2 和 c_2 是将每个顾客 ID 作为一个购物篮时关联规则 r 的支持度和置信度。讨论 s_1 和 s_2 或 c_1 和 c_2 之间是否存在某种关系?

4-2 (1) 令 c_1, c_2 和 c_3 分别是规则 $\{p\} \rightarrow \{q\}$, $\{p\} \rightarrow \{q,r\}$ 和 $\{p,r\} \rightarrow \{q\}$ 的置信度。如果假定 c_1, c_2 和 c_3 有不同的值,那么 c_1, c_2 和 c_3 之间可能存在什么关系,哪个规则的置信度最低?

(2) 假定 (1) 中的规则具有相同的置信度,重复 (1) 的分析,哪个规则的置信度最低?

(3) 传递性:假定规则 $A \rightarrow B$ 和 $B \rightarrow C$ 的置信度都大于某个阈值 minconf,规则 $A \rightarrow C$ 可能具有小于 minconf 的置信度吗?

4-3 考虑表 4-7 中显示的购物篮事务。

表 4-7　购物篮事务

事务 ID	购　买　项
1	{牛奶, 啤酒, 尿布}
2	{面包, 黄油, 牛奶}
3	{牛奶, 尿布, 饼干}
4	{面包, 黄油, 饼干}
5	{啤酒, 饼干, 尿布}
6	{牛奶, 尿布, 面包, 黄油}
7	{面包, 黄油, 尿布}
8	{啤酒, 尿布}
9	{牛奶, 尿布, 面包, 黄油}
10	{啤酒, 饼干}

(1) 从这些数据中,能够提取出的关联规则的最大数量是多少(包括零支持度的规则)?

(2) 能够提取的频繁项集的最大长度是多少(假定最小支持度>0)?

(3) 写出从该数据集中能够提取的 3-项集的最大数量的表达式。

(4) 找出一个具有最大支持度的项集(长度为 2 或更大)。

(5) 找出一对项 a 和 b,使得规则 $\{a\} \rightarrow \{b\}$ 和 $\{b\} \rightarrow \{a\}$ 具有相同的置信度。

4-4 考虑下面的频繁 3-项集的集合:

$$\{1,2,3\}, \{1,2,4\}, \{1,2,5\}, \{1,3,4\}, \{1,3,5\}, \{2,3,4\}, \{2,3,5\}, \{3,4,5\}$$

假定数据集中只有 5 个项。

（1）列出采用 $F_{k-1} \times F_1$ 合并策略，由候选产生过程得到的所有候选 4-项集。

（2）列出由 Apriori 算法的候选产生过程得到的所有候选 4-项集。

（3）列出 Apriori 算法候选剪枝步骤后剩下的所有候选 4-项集。

4-5 Apriori 算法使用产生-计数的策略找出频繁项集。通过合并一对大小为 k 的频繁项集得到一个大小为 $k+1$ 的候选项集（称作候选产生步骤）。在候选项集剪枝步骤中，如果一个候选项集的任何一个子集是不频繁的，则该候选项集将被丢弃。假定将 Apriori 算法用于表 4-8 所示数据集，最小支持度为 30%，即任何一个项集在少于 3 个事务中出现就被认为是非频繁的。

表 4-8 购物篮事务的例子

事务 ID	购 买 项
1	{a, b, d, e}
2	{b, c, d}
3	{a, b, d, e}
4	{a, c, d, e}
5	{b, c, d, e}
6	{b, d, e}
7	{c, d}
8	{a, b, c}
9	{a, d, e}
10	{b, d}

（1）画出表示表 4-8 所示数据集的项集格，用下面的字母标记格中每个结点。

1）N：如果该项集被 Apriori 算法认为不是候选项集。一个项集不是候选项集有两种可能的原因：它没有在候选项集产生步骤产生，或它在候选项集产生步骤产生，但是由于它的一个子集是非频繁的而在候选项集剪枝步骤被丢掉。

2）F：如果该候选项集被 Apriori 算法认为是频繁的。

3）I：如果经过支持度计数后，该候选项集被发现是非频繁的。

（2）频繁项集的百分比是多少（考虑格中所有的项集）？

（3）对于该数据集，Apriori 算法的剪枝率是多少（剪枝定义为由于如下原因不认为是候选的项集所占的百分比：在候选项集产生时未被产生，或在候选剪枝步骤被丢掉。）？

（4）假警告率是多少（假警告率是指经过支持度计算后被发现是非频繁的候选项集所占的百分比）？

4-6 假定有一个购物篮数据集，包含 100 个事务和 20 个项。假设项 a 的支持度为 25%，项 b 的支持度为 90%，且项集 $\{a, b\}$ 的支持度为 20%。令最小支持度阈值和最小置信度阈值分别为 10% 和 60%。

（1）计算关联规则 $\{a\} \rightarrow \{b\}$ 的置信度。根据置信度度量，这条规则是有趣的吗？

（2）计算关联模式 $\{a, b\}$ 的兴趣度度量。根据兴趣度度量，描述项 a 和项 b 之间联系的特点。

（3）由（1）和（2）的结果，能得出什么结论？

（4）证明：如果规则 $\{a\} \rightarrow \{b\}$ 的置信度小于 $\{b\}$ 的支持度，则

1）$c(\{\bar{a}\} \rightarrow \{b\}) > c(\{a\} \rightarrow \{b\})$。

2）$c(\{\bar{a}\} \rightarrow \{b\}) > s(\{b\})$。

其中，$c(\cdot)$ 表示规则置信度，$s(\cdot)$ 表示项集的支持度。

第 5 章　决策树算法

- - +

教学要求：了解决策树的定义；

掌握决策树的表示方法；

掌握决策树的学习过程；

掌握基本的决策树学习算法。

重　　点：决策树的学习算法。

难　　点：决策树节点变量的选择；

样本的划分；

训练停止条件的确定；

剪枝学习。

第 5 章　课件

- - +

本章介绍决策树算法，这是一种简单但却广泛使用的分类技术。

5.1　决策树算法概述

决策树是通过一系列规则对数据进行分类的过程。它提供一种在什么条件下会得到什么值的类似规则的方法。决策树分为分类树和回归树两种，分类树对离散变量做决策树，回归树对连续变量做决策树。

近来的调查表明决策树也是最经常使用的数据挖掘算法，它的概念非常简单。决策树算法之所以如此流行，一个很重要的原因就是使用者基本上不用了解机器学习算法，也不用深究它是如何工作的。直观看上去，决策树分类器就像判断模块和终止块组成的流程图，终止块表示分类结果（也就是树的叶子），判断模块表示对一个特征取值的判断（该特征有几个值，判断模块就有几个分支）。

如果不考虑效率，那么样本所有特征的判断级联起来终会将某一个样本分到一个类终止块上。实际上，样本所有特征中有一些特征在分类时起到决定性作用，决策树的构造过程就是找到这些具有决定性作用的特征，根据其决定性程度来构造一个倒立的树，决定性作用最大的那个特征作为根节点，然后递归找到各分支下子数据集中次大的决定性特征，直至子数据集中所有数据都属于同一类。所以，构造决策树的过程本质上就是根据数据特征将数据集分类的递归过程，我们需要解决的第一个问题就是，当前数据集上哪个特征在划分数据分类时起决定性作用。

为了找到决定性的特征、划分出最好的结果，我们必须评估数据集中蕴含的每个特征，寻找分类数据集的最好特征。完成评估之后，原始数据集就被划分为几个数据子集。

这些数据子集会分布在第一个决策点的所有分支上。如果某个分支下的数据属于同一类型，则该分支处理完成，称为一个叶子节点，即确定了分类。如果数据子集内的数据不属于同一类型，则需要重复划分数据子集的过程。如何划分数据子集的算法和划分原始数据集的方法相同，直到所有具有相同类型的数据均在一个数据子集内（叶子节点）。

5.2　决策树表示法

决策树通过把实例从根节点排列到某个叶子节点来分类实例，叶子节点即为实例所属的分类，树上的每个节点指定了对实例的某个属性的测试，并且每个节点的每一个后继分支对应于该属性的一个可能的值。分类实例的方法是从这棵树的根节点开始，测试这个节点指定的属性，然后按照给定实例的该属性值对应的树枝向下移动，然后这个过程再以新的节点为根的子树上重复。下面给出一棵典型的学习好的决策树。这棵决策树根据天气情况分类"星期六上午是否适合打网球"。例如：下面的实例将被沿着这棵决策树的最左分支向下排列，因而被判定为反例（也就是这棵树预测这个实例 PlayTennis = No）。

通常决策树代表实例属性值约束的合取式（Conjunction）的析取式（Disjunction）。从树根到树叶的每一条路径对应一条属性测试的合取，树本身对应这些合取的析取。图 5-1 表示的决策树对应于以下表达式：

（天气趋势 = 晴 ∧ ∧ 湿度 = 正常）∨（天气趋势 = 阴）∨（天气趋势 = 雨 ∧ 风 = 微弱）

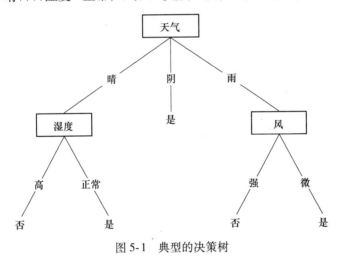

图 5-1　典型的决策树

5.3　决策树学习的学习过程

一棵决策树的生成过程主要分为以下三个部分：

（1）特征选择：特征选择是指从训练数据中众多的特征中选择一个特征作为当前节点的分裂标准，如何选择特征有着很多不同量化评估标准，从而衍生出不同的决策树算法。

（2）决策树生成：根据选择的特征评估标准，从上至下递归地生成子节点，直到数据集不可分则决策树生长。树结构来说，递归结构是最容易理解的方式。

（3）剪枝：决策树容易过拟合，一般来说需要剪枝，缩小树结构规模、缓解过拟合。剪枝技术有预剪枝和后剪枝两种。

5.4　基本的决策树学习算法

划分数据集的最大原则是：使无序的数据变得有序。如果一个训练数据中有 20 个特征，那么选取哪个做划分依据？这就必须采用量化的方法来判断，量化划分方法有多种，其中一项就是"信息论度量信息分类"。基于信息论的决策树算法有 ID3、CART 和 C4.5 等算法，其中 C4.5 和 CART 两种算法从 ID3 算法中衍生而来。

ID3 算法由 Ross Quinlan 发明，建立在"奥卡姆剃刀"的基础上：越是小型的决策树越优于大的决策树（be simple 简单理论）。ID3 算法中根据信息论的信息增益评估和选择特征，每次选择信息增益最大的特征做判断模块。ID3 算法可用于划分标称型数据集，没有剪枝的过程，为了去除过度数据匹配的问题，可通过裁剪合并相邻的无法产生大量信息增益的叶子节点（例如设置信息增益阈值）。使用信息增益的话其实是有一个缺点，那就是它偏向于具有大量值的属性，就是说在训练集中，某个属性所取的不同值的个数越多，那么越有可能拿它来作为分裂属性，而这样做有时候是没有意义的，另外 ID3 不能处理连续分布的数据特征，于是就有了 C4.5 算法。CART 算法也支持连续分布的数据特征。

CART 和 C4.5 支持数据特征为连续分布时的处理，主要通过使用二元切分来处理连续型变量，即求一个特定的值——分裂值：特征值大于分裂值就走左子树，或者就走右子树。这个分裂值的选取的原则是使得划分后的子树中的"混乱程度"降低，具体到 C4.5 和 CART 算法则有不同的定义方式。

C4.5 是 ID3 的一个改进算法，继承了 ID3 算法的优点。C4.5 算法用信息增益率来选择属性，克服了用信息增益选择属性时偏向选择取值多的属性的不足在树构造过程中进行剪枝；能够完成对连续属性的离散化处理；能够对不完整数据进行处理。C4.5 算法产生的分类规则易于理解、准确率较高；但效率低，因树构造过程中，需要对数据集进行多次的顺序扫描和排序。也是因为必须多次数据集扫描，C4.5 只适合于能够驻留于内存的数据集。

CART 算法的全称是 Classification And Regression Tree，采用的是 GINI 指数（选 GINI 指数最小的特征 s）作为分裂标准，同时它也是包含后剪枝操作。ID3 算法和 C4.5 算法虽然在对训练样本集的学习中可以尽可能多地挖掘信息，但其生成的决策树分支较大，规模较大。为了简化决策树的规模，提高生成决策树的效率，就出现了根据 GINI 系数来选择测试属性的决策树算法 CART。

决策树适用于数值型和标称型（离散型数据，变量的结果只在有限目标集中取值），能够读取数据集合，提取一些列数据中蕴含的规则。在分类问题中使用决策树模型有很多的优点，决策树计算复杂度不高、便于使用、而且高效，决策树可处理具有不相关特征的数据、可很容易地构造出易于理解的规则，而规则通常易于解释和理解。决策树模型也有一些缺点，比如处理缺失数据时的困难、过度拟合以及忽略数据集中属性之间的相关性等。

5.5 ID3 算法的基本原理

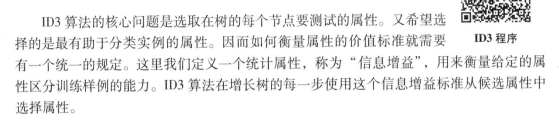

ID3 程序

ID3 算法的核心问题是选取在树的每个节点要测试的属性。又希望选择的是最有助于分类实例的属性。因而如何衡量属性的价值标准就需要有一个统一的规定。这里我们定义一个统计属性，称为"信息增益"，用来衡量给定的属性区分训练样例的能力。ID3 算法在增长树的每一步使用这个信息增益标准从候选属性中选择属性。

5.5.1 用熵度量样例的均一性

信息论中广泛使用的一个度量标准，这里我们可以用来定义信息增益，它就是熵（Entropy），它刻画了任意样例集的纯度（Purity）。给定包含关于某个目标概念的正反样例的样例集 S，如果目标属性具有 c 个不同的值，那么 S 相对于 c 个状态（c-wise）的分类熵定义为：

$$\text{Entropy}(S) = \sum_{i=1}^{c} -p_i \log_2 p_i \tag{5-1}$$

式中，p_i 是 S 中属于类别 i 的比例。

5.5.2 用信息增益度量期望的熵降低

有了熵作为衡量训练样例集合纯度的标准，就可以定义属性分类训练数据的能力的度量标准。这个标准就是"信息增益"（Information Gain）。简单地说一个信息增益就是由于使用这个属性分割样例而导致的期望熵降低。更精确地说，一个属性 A 相对训练样例集合 S 的信息增益 Gain (S, A) 被定义为：

$$\text{Gain}(S, A) = \text{Entropy}(S) - \sum_{v \in \text{Value}(A)} \frac{|sv|}{|S|} \text{Entropy}(sv) \tag{5-2}$$

其中，Values (A) 是属性 A 所有可能值的集合。sv 是 S 中属性 A 的值为 v 的子集，也就是：

$$sv = \{ s \in S | A(s) = v \}$$

为了演示 ID3 算法的具体操作，我们考虑以下表的训练数据所代表的学习任务。目标属性 Play Tennis 对于不同的星期六上午具有 yes 和 no 两个值，我们将根据其他属性来预测这个目标属性值。先考虑这个算法的第一步，创建决策树的最顶端结点。ID3 算法计算每一个候选属性的信息增益，然后选择信息增益最高的一个。

所有四个属性［天气趋势（Outlook）、湿度（Humidity）、风（Wind）、温度（Temperature）］的信息增益为：

$$\text{Gain}(S, \text{Outlook}) = 0.246$$

$$\text{Gain}(S, \text{Humidity}) = 0.161$$

$$\text{Gain}(S, \text{Wind}) = 0.048$$

$$\text{Gain}(S, \text{Temperature}) = 0.0216$$

S 来自表 5-1 的训练样例的集合（目标概念 Play Tennis 的训练样例）。

表5-1　目标概念 Play Tennis 的训练样例

天　　数	天气趋势	温度	湿度	风	打网球
第1天	晴	炎热	高	微弱	否
第2天	晴	炎热	高	强烈	否
第3天	阴	炎热	高	微弱	是
第4天	雨	温暖	高	微弱	是
第5天	雨	凉爽	正常	微弱	是
第6天	雨	凉爽	正常	强烈	否
第7天	阴	凉爽	正常	强烈	是
第8天	晴	温暖	高	微弱	否
第9天	晴	凉爽	正常	微弱	是
第10天	雨	温暖	正常	微弱	是
第11天	晴	温暖	正常	强烈	是
第12天	阴	温暖	高	强烈	是
第13天	阴	炎热	正常	微弱	是
第14天	雨	温暖	高	强烈	否

　　根据信息增益标准，Outlook 被选作根结点的决策属性，并为它的每一个可能值在根结点下创建分支，得到的部分决策树显示在图5-1中，同时还有被排列到每个新的后继结点的训练样例。因为每一个 Outlook＝Overcast 的样例也都是 Play Tennis 的正例，所以树的这个结点称为一个叶子结点，它对目标属性的分类是 Play Tennis＝Yes。相反，对应 Outlook＝Sunny 和 Outlook＝Rain 的后继结点还有非0的熵，所以决策树还会在这些结点下进一步展开。

　　对于非终端的后继结点，再重复前面的过程选择一个新的属性来分割训练样例，这一次使用与这个结点关联的训练样例。已经被树的较高结点测试的属性被排除在外，以便任何给定的属性在树的任意路径上最多仅出现一次。对于每一个新的叶子结点继续这个过程，直到满足以下两个条件中的任意一个：（1）所有的属性已经被这条路径包括；（2）与这个结点关联的所有训练样例都具有相同的目标属性（也就是它们的熵为0）。

5.6　C4.5 算法的基本原理

C4.5 程序

5.6.1　信息增益比选择最佳特征

　　以信息增益进行分类决策时，存在偏向于取值较多的特征的问题。于是为了解决这个问题人们又开发了基于信息增益比的分类决策方法，也就是 C4.5。C4.5 与 ID3 都是利用贪心算法进行求解，不同的是分类决策的依据不同。

　　因此，C4.5 算法在结构与递归上与 ID3 完全相同，区别就在于选取决断特征时选择信息增益比最大的。

信息增益比率度量是用 ID3 算法中的增益度量 Gain（D，X）和分裂信息度量 Split Information（D，X）来共同定义的。分裂信息度量 Split Information（D，X）就相当于特征 X（取值为 x_1，x_2，$\cdots$，x_n，各自的概率为 P_1，P_2，$\cdots$，P_n，P_k 就是样本空间中特征 X 取值为 x_k 的数量除上该样本空间总数）的熵。

Split Information（D，X）$= -P_1\log_2(P_1) - P_2\log_2(P_2) - \cdots - P_n\log_2(P_n)$

Gain Ratio（D，X）$=$ Gain（D，X）/Split Information（D，X）

在 ID3 中用信息增益选择属性时偏向于选择分枝比较多的属性值，即取值多的属性，在 C4.5 中由于除以 Split Information（D，X）$= H(X)$，可以削弱这种作用。

5.6.2　处理连续数值型特征

C4.5 既可以处理离散型属性，也可以处理连续性属性。在选择某节点上的分枝属性时，对于离散型描述属性，C4.5 的处理方法与 ID3 相同。对于连续分布的特征，其处理方法是：先把连续属性转换为离散属性再进行处理。虽然本质上属性的取值是连续的，但对于有限的采样数据它是离散的，如果有 N 条样本，那么我们有 $N-1$ 种离散化的方法：$\leqslant v_j$ 的分到左子树，$>v_j$ 的分到右子树。计算这 $N-1$ 种情况下最大的信息增益率。另外，对于连续属性先进行排序（升序），只有在决策属性（即分类发生了变化）发生改变的地方才需要切开，这可以显著减少运算量。经证明，在决定连续特征的分界点时采用增益这个指标（因为若采用增益率，Split Information 影响分裂点信息度量准确性，若某分界点恰好将连续特征分成数目相等的两部分时其抑制作用最大），而选择属性的时候才使用增益率这个指标能选择出最佳分类特征。

在 C4.5 中，对连续属性的处理如下：

（1）对特征的取值进行升序排序。

（2）两个特征取值之间的中点作为可能的分裂点，将数据集分成两部分，计算每个可能的分裂点的信息增益（Infor Gain）。优化算法就是只计算分类属性发生改变的那些特征取值。

（3）选择修正后信息增益（Infor Gain）最大的分裂点作为该特征的最佳分裂点。

（4）计算最佳分裂点的信息增益率（Gain Ratio）作为特征的 Gain Ratio。注意，此处需对最佳分裂点的信息增益进行修正：减去 $\log_2(N-1)/|D|$（N 是连续特征的取值个数，D 是训练数据数目，此修正的原因在于：当离散属性和连续属性并存时，C4.5 算法倾向于选择连续特征做最佳树分裂点）。

5.6.3　叶子裁剪

分析分类回归树的递归建树过程，不难发现它实质上存在着一个数据过度拟合问题。在决策树构造时，由于训练数据中的噪音或孤立点，许多分枝反映的是训练数据中的异常，使用这样的判定树对类别未知的数据进行分类，分类的准确性不高。因此试图检测和减去这样的分支，检测和减去这些分支的过程被称为树剪枝。树剪枝方法用于处理过分适应数据问题。通常，这种方法使用统计度量，减去最不可靠的分支，这将导致较快的分类，提高树独立于训练数据正确分类的能力。

决策树常用的剪枝常用的简直方法有两种：预剪枝（Pre-Pruning）和后剪枝（Post-Pruning）。预剪枝是根据一些原则及早的停止树增长，如树的深度达到用户所要的深度、节点中样本个数少于用户指定个数、不纯度指标下降的最大幅度小于用户指定的幅度等。预剪枝的核心问题是如何事先指定树的最大深度，如果设置的最大深度不恰当，那么将会导致过于限制树的生长，使决策树的表达式规则趋于一般，不能更好地对新数据集进行分类和预测。除了事先限定决策树的最大深度之外，还有另外一个方法来实现预剪枝操作，那就是采用检验技术对当前结点对应的样本集合进行检验，如果该样本集合的样本数量已小于事先指定的最小允许值，那么停止该结点的继续生长，并将该结点变为叶子结点，否则可以继续扩展该结点。

后剪枝则是通过在完全生长的树上剪去分枝实现的，通过删除节点的分支来剪去树节点，可以使用的后剪枝方法有多种，比如：代价复杂性剪枝、最小误差剪枝、悲观误差剪枝等。后剪枝操作是一个边修剪边检验的过程，一般规则标准是：在决策树的不断剪枝操作过程中，将原样本集合或新数据集合作为测试数据，检验决策树对测试数据的预测精度，并计算出相应的错误率，如果剪掉某个子树后的决策树对测试数据的预测精度或其他测度不降低，那么剪掉该子树。

思考题与习题

5-1　简述决策树 ID3 算法的基本思想、主要问题和改进策略。

5-2　图 5-2 是使用 ID3 算法在一个数据集上生成的决策树，它用来帮助银行来决定是否发放住房贷款。根据该图回答下列问题：

（1）数据格式至少包含哪些属性？

（2）写出该树对应的分类规则。

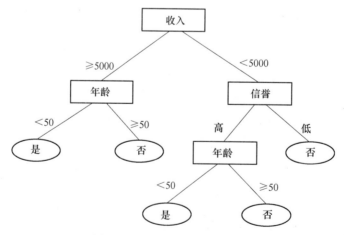

图 5-2　习题 5-2 对应的决策树

5-3　下面用一个简单的例子来说明决策树算法的分类过程，见表 5-2，所采用的数据集包含 5 个属性 exam score（成绩）、contest（竞赛）、evaluation（评价）、association（社团）、scholarship（奖学金），scholarship 是最终分类属性，exam score、contest、evaluation、association 是条件属性。

表 5-2　发放奖学金的数据属性集合

Name	exam score	contest	evaluation	association	scholarship
James	excellent	school-level	excellent	yes	yes
Cherry	average	city-level	fair	yes	yes
Daisy	excellent	school-level	excellent	no	yes
Danny	Good	city-level	excellent	no	yes
Amy	average	school-level	fair	no	no
Dave	Good	province-level	fair	yes	no
Mike	excellent	province-level	fair	yes	yes
John	average	city-level	excellent	no	no
Jerry	average	province-level	excellent	yes	yes
Maggie	Good	city-level	excellent	no	yes
Kate	average	school-level	excellent	no	no
Bill	excellent	city-level	fair	no	yes
Alice	Good	city-level	fair	no	no
Jim	Good	province-level	excellent	no	yes
Jessica	excellent	city-level	excellent	yes	yes

针对它回答下列问题：

（1）利用信息增益的方法选择第一个最佳分裂属性（写出具体步骤）。

（2）根据生成的决策树判断 Jean good city-level excellent yes 属于 scholarship 的哪一类？

第 6 章　逻 辑 回 归

教学要求：了解分类的基本概念；
　　　　　了解分类建模的基本问题；
　　　　　掌握逻辑回归的分类方法。
重　点：逻辑回归的学习算法。
难　点：逻辑回归算法的代价函数；
　　　　查全率和查准率的概念。

第 6 章　课件

逻辑回归是统计学习中的经典分类方法，属于对数线性模型。

6.1　分 类 问 题

在分类问题中，我们尝试预测的是结果是否属于某一个类（例如，正确或错误）。分类问题的例子有：判断一封电子邮件是否是垃圾邮件；判断一次金融交易是否是欺诈等。

逻辑回归程序

我们从二元的分类问题开始讨论。

我们将因变量（Dependant Variable）可能属于的两个类分别称为负向类（Negative Class）和正向类（Positive Class），则因变量 $y \in \{0, 1\}$，其中 0 表示负向类，1 表示正向类。

6.2　分类问题建模

比如对于乳腺癌分类问题，我们可以用线性回归的方法求出适合数据的一条直线，如图 6-1 所示。

根据线性回归模型我们只能预测连续的值，然而对于分类问题，我们需要输出 0 或 1，我们可以预测：

（1）当 $h_\theta \geq 0.5$ 时，预测 $y=1$。

（2）当 $h_\theta < 0.5$ 时，预测 $y=0$。

对于上图所示的数据，这样的一个线性模型似乎能很好地完成分类任务。假使我们

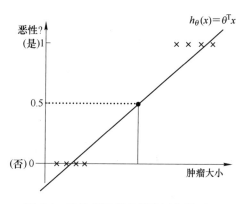

图 6-1　乳腺癌问题的线性回归模型

又观测到一个非常大尺寸的恶性肿瘤，将其作为实例加入到我们的训练集中来，这将使得我们获得一条新的直线，如图 6-2 所示。

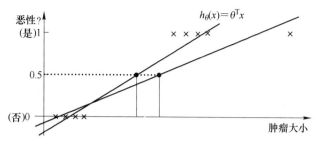

图 6-2 加入恶性肿瘤后的训练实例

这时，再使用 0.5 作为阈值来预测肿瘤是良性还是恶性便不合适了。可以看出，线性回归模型，因为其预测的值可以超越 [0，1] 的范围，并不适合解决这样的问题。我们引入一个新的模型，逻辑回归，该模型的输出变量范围始终在 0 和 1 之间。逻辑回归模型的假设是：$h_\theta(x) = g(\theta^T x)$。

其中：

（1）x 代表特征向量。

（2）g 代表逻辑函数（Logistic Function）是一个常用的逻辑函数为 S 形函数（Sigmoid Function），公式为：

$$g(z) = \frac{1}{1 + e^{-z}} \tag{6-1}$$

该函数的图像见图 6-3。

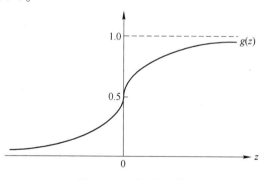

图 6-3 S 形函数图像

合起来，我们得到逻辑回归模型的假设：

$$h_\theta(x) = \frac{1}{1 + e^{-\theta^T x}} \tag{6-2}$$

对模型的理解：$h_\theta(x)$ 的作用是，对于给定的输入变量，根据选择的参数计算输出变量为 1 的可能性（Estimated Probablity），即：

$$h_\theta(x) = p(y = 1 \mid x; \theta) \tag{6-3}$$

例如，如果对于给定的 x，通过已经确定的参数计算得出 $h_\theta(x) = 0.7$，则表示有 70% 的几率 y 为正向类，相应地 y 为负向类的几率为 $1 - 0.7 = 0.3$。

6.3 判定边界

在逻辑回归中，我们预测：

（1） 当 $h_\theta \geqslant 0.5$ 时，预测 $y=1$。

（2） 当 $h_\theta < 0.5$ 时，预测 $y=0$。

根据上面绘制出的 S 形函数图像，我们知道：

（1） 当 $z=0$ 时，$g(z) = 0.5$。

（2） 当 $z>0$ 时，$g(z) > 0.5$。

（3） 当 $z<0$ 时，$g(z) < 0.5$。

又 $z = \boldsymbol{\theta}^{\mathrm{T}} \boldsymbol{X}$，即：

（1） $\boldsymbol{\theta}^{\mathrm{T}} \boldsymbol{X} \geqslant 0$ 时，预测 $y=1$。

（2） $\boldsymbol{\theta}^{\mathrm{T}} \boldsymbol{X} < 0$ 时，预测 $y=0$。

现在假设我们有一个模型：$h_\theta(x) = g(\theta_0 + \theta_1 x_1 + \theta_2 x_2)$，并且参数 $\boldsymbol{\theta}$ 是向量 $\begin{bmatrix} -3 & 1 & 1 \end{bmatrix}$。则当 $-3 + x_1 + x_2 \geqslant 0$，即 $x_1 + x_2 \geqslant 3$ 时，模型将预测 $y=1$。

我们可以绘制直线 $x_1 + x_2 = 3$，这条线便是我们模型的分界线，将预测为 1 的区域和预测为 0 的区域分隔开，如图 6-4 所示。

假使我们的数据呈现这样的分布情况（见图 6-5），怎样的模型才能适合呢？

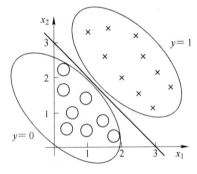

图 6-4　预测函数图像

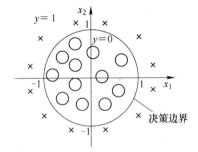

图 6-5　另一种分布情况

因为需要用曲线才能分隔 $y=0$ 的区域和 $y=1$ 的区域，我们需要二次方特征：

$$h_\theta(x) = g(\theta_0 + \theta_1 x_1 + \theta_2 x_2 + \theta_3 x_1^2 + \theta_4 x_2^2) \tag{6-4}$$

假设参数是 $\begin{bmatrix} -1 & 0 & 0 & 1 & 1 \end{bmatrix}$，则我们得到的判定边界恰好是圆点在原点且半径为 1 的圆形。我们可以用非常复杂的模型来适应非常复杂形状的判定边界。

6.4 代价函数

对于线性回归模型，我们定义的代价函数是所有模型误差的平方和。理论上来说，我们也可以对逻辑回归模型沿用这个定义，但是问题在于，当我们将 $h_\theta(x) = \dfrac{1}{1 + \mathrm{e}^{-\boldsymbol{\theta}^{\mathrm{T}} x}}$ 代入到这样定义了的代价函数中时，我们得到的代价函数将是一个非凸函数（Non-convex Function），如图 6-6 所示。

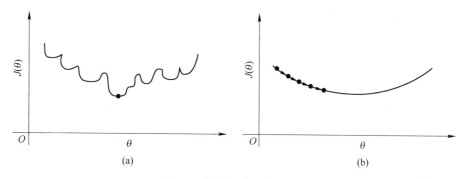

图 6-6 得到的非凸代价函数

（a）非凸函数；（b）凸函数

这意味着我们的代价函数有许多局部最小值，这将影响梯度下降算法寻找全局最小值。因此，我们重新定义逻辑回归的代价函数为：

$$J(\theta) = \frac{1}{m} \sum_{i=1}^{m} \text{cost}(h_{\theta}(x^{(i)}),\ y^{(i)}) \tag{6-5}$$

其中

$$\text{cost}(h_{\theta}(x),\ y) = \begin{cases} -\lg(h_{\theta}(x)) & y = 1 \\ -\lg(1 - h_{\theta}(x)) & y = 0 \end{cases} \tag{6-6}$$

$h_{\theta}(x)$ 与 $\text{cost}(h_{\theta}(x),\ y)$ 之间的关系如图 6-7 所示。

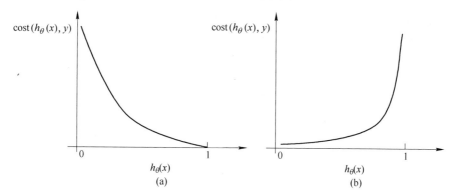

图 6-7　$h_{\theta}(x)$ 与 $\text{cost}(h_{\theta}(x),\ y)$ 之间的关系

（a）$y = 1$；（b）$y = 0$

这样构建的 $\text{cost}(h_{\theta}(x),\ y)$ 函数的特点是：当实际的 $y = 1$ 且 $h_{\theta}(x)$ 也为 1 时误差为 0，当 $y = 1$ 但 $h_{\theta}(x)$ 不为 1 时误差随着 $h_{\theta}(x)$ 的变小而变大；当实际的 $y = 0$ 且 $h_{\theta}(x)$ 也为 0 时代价为 0，当 $y = 0$ 但 $h_{\theta}(x)$ 不为 0 时误差随着 $h_{\theta}(x)$ 的变大而变大。

将构建的 $\text{cost}(h_{\theta}(x),\ y)$ 简化如下：

$$\text{cost}(h_{\theta}(x),\ y) = -y \times \lg(h_{\theta}(x)) - (1 - y) \times \lg(1 - h_{\theta}(x)) \tag{6-7}$$

代入代价函数得到：

$$J(\theta) = -\frac{1}{m}\Big[\sum_{i=1}^{m} y^{(i)}\lg h_\theta(x^{(i)}) + (1 - y^{(i)})\lg(1 - h_\theta(x^{(i)}))\Big] \qquad (6\text{-}8)$$

在得到这样一个代价函数以后，我们便可以用梯度下降算法来求得能使代价函数最小的参数了。算法为：

Repeat

$$\theta_j := \theta_j - \alpha\frac{\partial}{\partial\theta_j}J(\theta) \qquad (6\text{-}9)$$

}　　　　　（simultaneously update all）

求导后得到：

Repeat

$$\theta_j := \theta_j - \alpha\sum_{i=1}^{m}(h_\theta(x^{(i)}) - y^{(i)})x_j^{(i)} \qquad (6\text{-}10)$$

}　　　　　（simultaneously update all）

虽然得到的梯度下降算法表面上看上去与线性回归的梯度下降算法一样，但是这里的 $h_\theta(x) = g(\theta^{\mathrm{T}}x)$ 与线性回归中不同，所以实际上是不一样的。另外，在运行梯度下降算法之前，进行特征缩放依旧是非常必要的。

一些梯度下降算法之外的选择：除了梯度下降算法以外还有一些常被用来令代价函数最小的算法，这些算法更加复杂和优越，而且通常不需要人工选择学习率，通常比梯度下降算法要更加快速。这些算法有：共轭梯度（Conjugate Gradient），局部优化法（Broyden Fletcher Goldfarb Shann，BFGS）和有限内存局部优化法（LBFGS）。

6.5　多 类 分 类

多类分类问题中，我们的训练集中有多个类（>2），我们无法仅仅用一个二元变量（0 或 1）来做判断依据。例如，我们要预测天气情况分四种类型：晴天、多云、下雨或下雪。

下面是一个多类分类问题可能的情况（如图 6-8 所示）：

一种解决这类问题的途径是采用一对多（One-vs-All）方法。在一对多方法中，我们将多类分类问题转化成二元分类问题。为了能实现这样的转变，我们将多个类中的一个类标记为正向类（$y=1$），然后将其他所

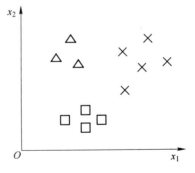

图 6-8　多类分类情况

有类都标记为负向类，这个模型记作 $h_\theta^{(1)}(x)$。接着，类似地我们选择另一个类标记为正向类（$y=2$），再将其他类都标记为负向类，将这个模型记作 $h_\theta^{(2)}(x)$，依此类推。

然后，我们得到一系列的模型简记为：

$$h_\theta^{(i)}(x) = p(y = i \mid x; \theta) \qquad i = (1, 2, 3, \cdots, k)$$

系列模型图如图 6-9 所示。

当我们需要做预测时，我们将所有的分类机都运行一遍，然后对每一个输入变量，都

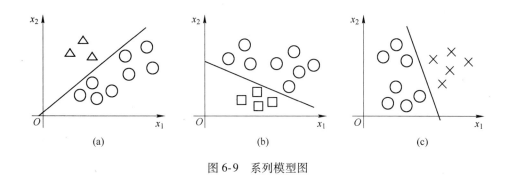

图 6-9　系列模型图

选择最高可能性的输出变量。

6.6　类偏斜的误差度量

类偏斜情况表现为我们的训练集中有非常多的同一种类的实例，只有很少或没有其他类的实例。例如我们希望用算法来预测癌症是否是恶性的，在我们的训练集中，只有 0.5% 的实例是恶性肿瘤。假设我们编写一个非学习而来的算法，在所有情况下都预测肿瘤是良性的，那么误差只有 0.5%。然而我们通过训练而得到的神经网络算法却有 1% 的误差。这时，误差的大小是不能视为评判算法效果的依据的。

我们可以根据查准率（Precision，简称为 P）和查全率（Recall，简称为 R）将算法预测的结果分成四种情况：

（1）正确肯定（True Positive，TP）：预测为真，实际为真。

（2）正确否定（True Negative，TN）：预测为假，实际为真。

（3）错误肯定（False Positive，FP）：预测为真，实际为假。

（4）错误否定（False Negative，FN）：预测为假，实际为假。

查准率=TP/（TP+FP）。例如，在所有我们预测有恶性肿瘤的病人中，实际上有恶性肿瘤的病人的百分比，越高越好。

查全率=TP/（TP+FN）。例如，在所有实际上有恶性肿瘤的病人中，成功预测有恶性肿瘤的病人的百分比，越高越好。

6.7　查全率和查准率之间的权衡

继续沿用刚才预测肿瘤性质的例子。假使我们的算法输出的结果在 0~1 之间，我们使用阈值 0.5 来预测真和假。

如果我们希望只在非常确信的情况下预测为真（肿瘤为恶性），即我们希望更高的查准率，我们可以使用比 0.5 更大的阈值，如 0.7，0.9。这样做我们会减少错误预测病人为恶性肿瘤的情况，同时却会增加未能成功预测肿瘤为恶性的情况。

如果我们希望提高查全率，尽可能地让所有有可能是恶性肿瘤的病人都得到进一步地检查、诊断，我们可以使用比 0.5 更小的阈值，如 0.3。

我们可以将不同阈值情况下，查全率与查准率的关系绘制成图表，曲线的形状根据数据的不同而不同，如图 6-10 所示。

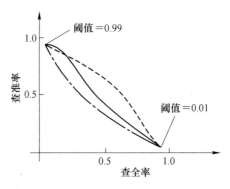

图 6-10 查全率与查准率的关系图

我们希望有一个帮助我们选择这个阈值的方法。一种方法是计算 F_1 值（F_1 Score），其计算公式为：

$$F_1 \text{Score}: 2 \frac{PR}{P+R} \qquad (6\text{-}11)$$

我们选择使得 F_1 值最高的阈值。

思考题与习题

6-1 代价函数满足什么条件时，模型越好且便于收敛计算？

6-2 写出逻辑斯蒂回归模型学习的梯度下降算法。

6-3 请叙述线性回归和逻辑回归的基本形式，并简述两者的区别。

6-4 逻辑回归本质上仍为线性回归，为什么被单独列为一类？

6-5 某同学在数据库中检索到了 50 篇文献，查准率和查全率分别为 40%、80%，则全部相关文档有多少篇？

6-6 影响查全率和查准率的因素有哪些？

第7章 多变量线性回归

教学要求：了解多维特征的基本概念；
　　　　　掌握多变量线性回归的建模方法。
重　点：多变量梯度下降算法。
难　点：特征缩放问题；
　　　　　学习率的参数设置。

第7章　课件

在许多实际问题中，影响因变量的因素往往有多个，这种一个因变量同多个自变量的回归问题就是多元回归，当因变量与各自变量之间为线性关系时，称为多元线性回归。多元线性回归分析的原理同一元线性回归基本相同，但计算上要复杂得多，因此需要借助计算机来完成。

7.1 多维特征

以房屋交易问题为例，为了建立房价模型，我们考虑多个特征变量，例如房间数楼层等，为此构成一个含有多个变量的模型，模型中的特征为 $(x_1, x_2, \cdots, x_n)$。特征描述如图 7-1 所示。

我们将要用来描述这个回归问题的标记如下：

（1）n 代表特征的数量。

（2）$x^{(i)}$ 代表第 i 个训练实例，是特征矩阵中的第 i 行，是一个向量（vector）。

多变量
线性回归

大小 (m²)	卧室数量	楼层数量	房屋使用年限 (年)	价格 (万元)
195	5	1	45	322
132	3	2	40	162
143	3	2	30	221
79	2	1	36	125
⋮	⋮	⋮	⋮	⋮

图 7-1　特征描述

（3）$x_j^{(i)}$ 代表特征矩阵中第 i 行的第 j 个特征，也就是第 i 个训练实例的第 j 个特征。

（4）$\theta_{(i)}$ 代表回归方程中的参数。

（5）h 代表学习算法的解决方案或函数，也称为假设。

支持多变量的假设 h 表示为：

$$h_\theta(x) = \theta_0 + \theta_1 x_1 + \theta_2 x_2 + \cdots + \theta_n x_n \tag{7-1}$$

这个公式中有 $n+1$ 个参数和 n 个变量，为了使得公式能够简化一些，引入 $x_0 = 1$，则公式转化为：

$$h_\theta(x) = \theta_0 x_0 + \theta_1 x_1 + \theta_2 x_2 + \cdots + \theta_n x_n \tag{7-2}$$

此时模型中的参数是一个 $n+1$ 维的向量，任何一个训练实例也都是 $n+1$ 维的向量，特征矩阵 X 的维度是 $m \times n+1$。因此，公式可以简化为：

$$h_\theta(x) = \theta^T X \tag{7-3}$$

其中，上标 T 代表矩阵转置。

7.2　多变量梯度下降

在多变量线性回归中，回归方程中的参数 θ_0，θ_1，$\cdots$，θ_n 是未知的，需要利用数据去估计它们。为此，我们构建一个代价函数，目标是要找出使得代价函数最小的一系列参数。这个代价函数是所有建模误差的平方和，即：

$$J(\theta_0, \theta_1, \cdots, \theta_n) = \frac{1}{2m} \sum_{i=1}^{m} (h_\theta(x^{(i)}) - y^{(i)})^2 \tag{7-4}$$

如何调整参数 θ 以使得 $J(\theta)$ 取得最小值有很多方法，其中有完全用数学描述的最小二乘法和梯度下降法。这里采用批量梯度下降算法，而梯度下降法中的梯度方向由 $J(\theta)$ 对 θ 的偏导数确定，由于求的是极小值，因此梯度方向是偏导数的反方向。具体表达为：

Repeat{

$$\theta_j := \theta_j - \alpha \frac{\partial}{\partial \theta_j} J(\theta_0, \theta_1, \cdots, \theta_n) \tag{7-5}$$

}

即：

Repeat{

$$\theta_j := \theta_j - \alpha \frac{\partial}{\partial \theta_j} \cdot \frac{1}{2m} \sum_{i=1}^{m} (h_\theta(x^{(i)}) - y^{(i)})^2 \tag{7-6}$$

}

式（7-5）中 α 为学习速率，当 α 过大时，有可能越过最小值，而当 α 过小时，容易造成迭代次数较多，收敛速度较慢。

求导数后得到：

Repeat{

$$\theta_j := \theta_j - \alpha \frac{1}{m} \sum_{i=1}^{m} ((h_\theta(x^{(i)}) - y^{(i)}) \cdot x_j^{(i)}) \tag{7-7}$$

（simultaneously update θ_j

for $j = 0, 1, \cdots, n$）

}

我们开始随机选择一系列的参数值，然后迭代使用公式（7-7）计算 θ 中的每个参数，直到收敛为止。由于每次迭代计算 θ 时，都使用了整个样本集，因此我们称该梯度下降算法为批量梯度下降算法。

7.3 特 征 缩 放

梯度下降是通过不停的迭代实现的，而我们比较关注迭代的次数，因为这关系到梯度下降的执行速度，为了减少迭代次数，因此引入了特征缩放。在我们面对多维特征问题的时候，我们要保证这些特征都具有相近的尺度，这将帮助梯度下降算法更快地收敛。特征缩放的主要思想就是将各个 feature 的值标准化，使得取值范围大致都在 $-1 \le x \le 1$ 之间。

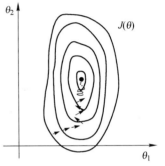

以房价问题为例，假设我们使用两个特征，房屋的尺寸和房间的数量，尺寸 θ_1 的数值为 $0 \sim 180 \mathrm{m}^2$，而房间数量 θ_2 的数值则是 $0 \sim 0.45$，以两个参数分别为横纵坐标，绘制代价函数的等高线图能看出图像会显得很扁，梯度下降算法需要多次的迭代才能收敛（如图 7-2 所示）。

图 7-2 代价函数的等高线

解决的方法是尝试将所有特征的尺度都尽量缩放到 $-1 \sim 1$ 之间。最简单的方法是方差标准化，即：

$$x_n = \frac{x_n - \mu_n}{S_n} \tag{7-8}$$

式中，μ_n 是平均值；S_n 是标准差。

7.4 学 习 率

梯度下降算法收敛所需要的迭代次数根据模型的不同而不同，我们不能提前预知，我们可以绘制迭代次数和代价函数的图表来观测算法在何时趋于收敛（如图 7-3 所示）。

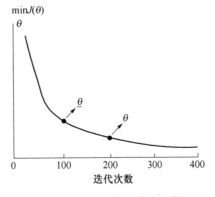

图 7-3 迭代次数和代价函数

也有一些自动测试是否收敛的方法，例如将代价函数的变化值与某个阈值（例如 0.001）进行比较，但通常看上面这样的图表更好。

梯度下降算法的每次迭代受到学习率的影响，如果学习率 α 过小，则达到收敛所需的迭代次数会非常高；如果学习率 α 过大，每次迭代可能不会减小代价函数，可能会越过局部最小值导致无法收敛。通常可以考虑尝试这些学习率：$\alpha = 0.01$, 0.3, 0.1, 1, 3, 10。

思考题与习题

7-1　解释多元回归模型，多元回归方程，估计多元回归方程的含义。

7-2　多元线性回归模型中有哪些基本的假定？

7-3　根据下面的数据用 Excel 进行回归，并对回归结果进行讨论，计算 $x_1 = 200$、$x_2 = 7$ 时 y 的预测值。

y	x_1	x_2
16	174	3
18	281	16
31	1816	4
28	202	8
52	1616	16
47	188	16
38	216	5
22	160	16
36	167	8
17	165	5

7-4　设有模型 $y_i = b_0 + b_1 x_{1i} + b_2 x_{2i} + u_i$，试在下列条件下：（1）$b_1 + b_2 = 1$，（2）$b_1 = b_2$；分别求出 b_1，b_2 的最小二乘估计量。

7-5　多元线性回归模型与一元线性回归模型有哪些区别？

7-6　为什么说最小二乘估计量是最优的线性无偏估计量？多元线性回归最小二乘估计的正规方程组，能解出唯一的参数估计的条件是什么？

第8章 神经网络

教学要求：了解神经网络的基本概念；
    掌握神经网络模型的构建；
    掌握神经网络的分类方法；
    掌握神经网络的训练算法。

重 点：神经网络模型的表达；
    神经网络的学习方法。

难 点：反向传播的学习方法；
    数值检验方法。

第 8 章 课件

之前我们已经看到过，使用非线性的多项式能够帮助我们建立更好的分类模型。假设我们有非常多的特征，例如大于 100 个变量，我们希望用这 100 个特征来构建一个非线性的多项式模型，结果将是数量非常惊人的特征组合，即便我们只采用两两特征的组合（$x_1x_2+x_1x_3+x_1x_4+\cdots+x_2x_3+x_2x_4+\cdots+x_{99}x_{100}$），我们也会有接近 5000 个组合而成的特征。这对于一般的逻辑回归来说需要计算的特征太多了。

假设我们希望训练一个模型来识别视觉对象（例如，识别一张图片上是否是一辆汽车），我们怎样才能这么做呢？一种方法是我们利用很多汽车的图片和很多非汽车的图片，然后利用这些图片上一个个像素的值（饱和度或亮度）来作为特征。

假如我们只选用灰度图片，每个像素则只有一个值（而非 RGB 值），我们可以选取图片上的两个不同位置上的两个像素，然后训练一个逻辑回归算法，利用这两个像素的值来判断图片上是否是汽车，如图 8-1 所示。

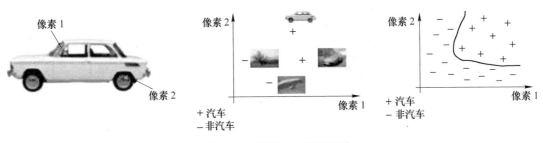

图 8-1　回归算法的视觉识别

假使我们采用的都是 50×50 像素的小图片，并且我们将所有的像素视为特征，则会有 2500 个特征，如果我们要进一步将两两特征组合构成一个多项式模型，则会有约 $2500^2/2$

个（接近 300 万个）特征。普通的逻辑回归模型，不能有效地处理这么多的特征，这时候我们需要神经网络。

8.1　神经网络概述

神经网络算法的来源：神经网络算法源自对大脑的模仿。神经网络算法在 20 世纪80~90 年代被广为使用过，再之后便逐渐减少了使用，但是最近又开始变得流行起来，原因是神经网络是非常依赖计算能力的算法，随着新计算机性能的提高，算法又成为了有效的技术。

神经网络算法的目的是发现一个能模仿人类大脑学习能力的算法。研究表明，如果我们将视觉信号传导给大脑中负责其他感觉的大脑皮层处，则那些大脑组织将能学会如何处理视觉信号。视觉信号的传递如图 8-2 所示。

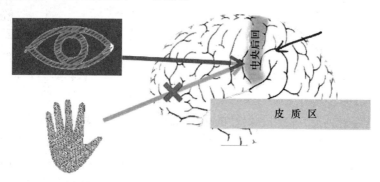

图 8-2　视觉信号的传递

下面是一个让舌头学会如何去看的例子。在一个盲人的头顶配置一台低像素的照相机，然后将照片的像素转换为不同的电极，每个像素都按照亮度赋予一个不同的电压值。结果随着实验进行，这个盲人开始能够利用舌头看见眼前的东西，如图 8-3 所示。

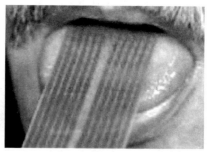

图 8-3　利用舌头获得视觉

为了构建神经网络模型，我们需要首先思考大脑中的神经网络是怎样的？每一个神经元都可以被认为是一个处理单元/神经核（Processing Unit/ Nucleus），它含有许多输入/树突（Input/Dendrite），并且有一个输出/轴突（Output/Axon）。神经网络是大量神经元相互链接并通过电脉冲来交流的一个网络，如图 8-4 所示。

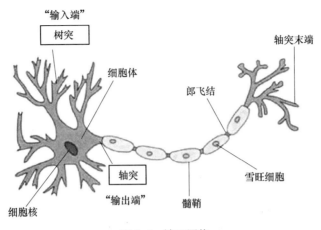

图 8-4 神经网络

神经网络模型建立在很多神经元之上，每一个神经元又是一个学习模型，这些神经元（也叫激活单元，Activation Unit）采纳一些特征作为输出，并且根据本身的模型提供一个输出。图 8-5 是一个以逻辑回归模型作为自身学习模型的神经元示例，在神经网络中，参数又可被称为权重（Weight）。

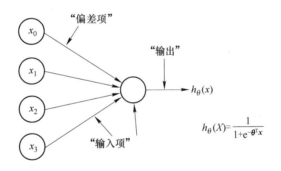

图 8-5 神经网络模型

8.2 神经网络模型的构建

神经网络模型是许多逻辑单元按照不同层级组织起来的网络，每一层的输出变量都是下一层的输入变量。图 8-6 所示为一个 3 层的神经网络，第一层成为输入层（Input Layer），最后一层称为输出层（Output Layer），中间一层为隐藏层（Hidden Layers）。我们为每一层都增加一个偏倚单位（Bias Unit）。

神经网络
模型

下面引入一些标记法来帮助描述模型：

（1）$\alpha_i^{(j)}$ 代表第 j 层的第 i 个激活单元。

（2）$\theta^{(j)}$ 代表从第 j 层映射到第 $j+1$ 层时的权重的矩阵，例如 $\theta^{(1)}$ 代表从第一层映射到第二层的权重的矩阵。其尺寸为：以第 j 层的激活单元数量为行数，以第 $j+1$ 层的激活单元数为列数的矩阵。例如，图 8-6 所示的神经网络中 $\theta^{(1)}$ 的尺寸为 4×3。

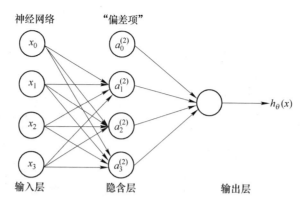

图 8-6　神经网络的分层

对于图 8-6 所示的模型，激活单元和输出分别表达为：

$$a_1^{(2)} = g(\theta_{10}^{(1)} x_0 + \theta_{11}^{(1)} x_1 + \theta_{12}^{(1)} x_2 + \theta_{13}^{(1)} x_3)$$
$$a_2^{(2)} = g(\theta_{20}^{(1)} x_0 + \theta_{21}^{(1)} x_1 + \theta_{22}^{(1)} x_2 + \theta_{23}^{(1)} x_3)$$
$$a_3^{(2)} = g(\theta_{30}^{(1)} x_0 + \theta_{31}^{(1)} x_1 + \theta_{32}^{(1)} x_2 + \theta_{33}^{(1)} x_3)$$
$$h_\theta(x) = g(\theta_{10}^{(2)} a_0^{(2)} + \theta_{11}^{(2)} a_1^{(2)} + \theta_{12}^{(2)} a_2^{(2)} + \theta_{13}^{(2)} a_3^{(2)})$$

(8-1)

上面进行的讨论中只是将特征矩阵中的一行（一个训练实例）给了神经网络，我们需要将整个训练集都给我们的神经网络算法来学习模型。

相对于使用循环来编码，利用向量化的方法会使得计算更为简便。以上面的神经网络为例，试着计算第二层的值：

$$g\left(\begin{bmatrix} \theta_{10}^{(1)} & \theta_{11}^{(1)} & \theta_{12}^{(1)} & \theta_{13}^{(1)} \\ \theta_{20}^{(1)} & \theta_{21}^{(1)} & \theta_{22}^{(1)} & \theta_{23}^{(1)} \\ \theta_{30}^{(1)} & \theta_{31}^{(1)} & \theta_{32}^{(1)} & \theta_{33}^{(1)} \end{bmatrix} \times \begin{bmatrix} x_0 \\ x_1 \\ x_2 \\ x_3 \end{bmatrix}\right) = g\left(\begin{bmatrix} \theta_{10}^{(1)} x_0 + \theta_{11}^{(1)} x_1 + \theta_{12}^{(1)} x_2 + \theta_{13}^{(1)} x_3 \\ \theta_{20}^{(1)} x_0 + \theta_{21}^{(1)} x_1 + \theta_{22}^{(1)} x_2 + \theta_{23}^{(1)} x_3 \\ \theta_{30}^{(1)} x_0 + \theta_{31}^{(1)} x_1 + \theta_{32}^{(1)} x_2 + \theta_{33}^{(1)} x_3 \end{bmatrix}\right) = \begin{bmatrix} \alpha_1^{(2)} \\ \alpha_2^{(2)} \\ \alpha_3^{(2)} \end{bmatrix}$$

(8-2)

令 $z^{(2)} = \theta^{(1)} x$，则 $a^{(2)} = g(z^{(2)})$，计算后添加 $a_0^{(2)} = 1$。计算输出的值为：

$$g\left(\begin{bmatrix} \theta_{10}^{(2)} & \theta_{11}^{(2)} & \theta_{12}^{(2)} & \theta_{13}^{(2)} \end{bmatrix} \times \begin{bmatrix} a_0^{(2)} \\ a_1^{(2)} \\ a_2^{(2)} \\ a_3^{(2)} \end{bmatrix}\right) = g(\theta_{10}^{(2)} a_0^{(2)} + \theta_{11}^{(2)} a_1^{(2)} + \theta_{12}^{(2)} a_2^{(2)} + \theta_{13}^{(2)} a_3^{(2)}) = h_\theta(x)$$

(8-3)

令 $z^{(3)} = \theta^{(2)} a^{(2)}$，则 $h_\theta(x) = a^{(3)} = g(z^{(3)})$。

这只是针对训练集中一个训练实例所进行的计算。如果我们要对整个训练集进行计算，我们需要将训练集特征矩阵进行转置，使得同一个实例的特征都在同一列里。即：

$$z^{(2)} = \theta^{(1)} \times \boldsymbol{X}^{\mathrm{T}}$$
$$\alpha^{(2)} = g(z^{(2)})$$

(8-4)

本质上讲，神经网络能够通过学习得出其自身的一系列特征。在普通的逻辑回归中，我们被限制为使用数据中的原始特征 x_1，x_2，$\cdots$，x_n，我们虽然可以使用一些二项式来组合这些特征，但是我们仍然受到这些原始特征的限制。在神经网络中，原始特征只是输入层，在我们上面三层的神经网络例子中，第三层也就是输出层，它做出的预测利用的是第二层的特征，而非输入层中的原始特征，我们可以认为第二层中的特征是神经网络通过学习后自己得出的一系列用于预测输出变量的新特征。

8.3 神经网络示例

当输入特征为布尔值（0 或 1）时，我们可以用一个单一的激活层作为二元逻辑运算符，为了表示不同的运算符，我们只需要选择不同的权重即可。

图 8-7 所示的神经元（三个权重分别为 -30，20，20）可以被视为作用等同于逻辑与（AND）。

图 8-8 所示的神经元（三个权重分别为 -10，20，20）可以被视为作用等同于逻辑或（OR）。

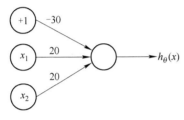

图 8-7 与逻辑神经元

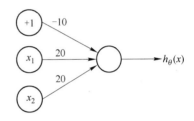

图 8-8 或逻辑神经元

图 8-9 所示的神经元（两个权重分别为 10，-20）可以被视为作用等同于逻辑非（NOT）。

我们可以利用神经元来组合成更为复杂的神经网络以实现更复杂的运算。例如：我们要实现 XNOR 功能（输入的两个值必须一样，均为 1 或均为 0），即 XNOR =（x_1 AND x_2）OR（（NOTx_1）AND（NOTx_2））。

首先，构造一个能表达（NOTx_1）AND（NOTx_2）部分的神经元，如图 8-10 所示。

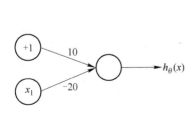

图 8-9 非逻辑神经元

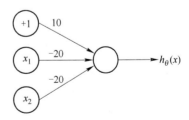

图 8-10 （NOTx_1）AND（NOTx_2）
部分神经元

然后，将表示 AND 的神经元和表示（NOTx_1）AND（NOTx_2）的神经元以及表示 OR 的神经元进行组合，如图 8-11 所示。

我们就得到了一个能实现 XNOR 运算符功能的神经网络。

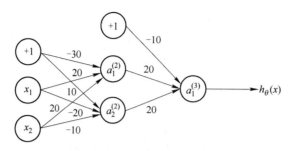

图 8-11　XNOR 神经网络

　　如果我们要训练一个神经网络算法来识别路人、汽车、摩托车和卡车，在输出层我们应该有 4 个值。例如，第一个值为 1 或 0 用于预测是否是行人，第二个值用于判断是否为汽车。下面是该神经网络的可能结构示例，如图 8-12 所示。

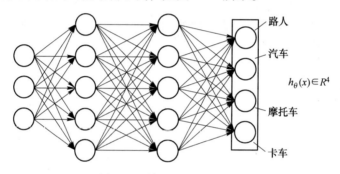

图 8-12　神经网络结构示例

　　神经网络算法的输出结果为四种可能情形之一：

$$\begin{bmatrix} 1 \\ 0 \\ 0 \\ 0 \end{bmatrix}, \begin{bmatrix} 0 \\ 1 \\ 0 \\ 0 \end{bmatrix}, \begin{bmatrix} 0 \\ 0 \\ 1 \\ 0 \end{bmatrix}, \begin{bmatrix} 0 \\ 0 \\ 0 \\ 1 \end{bmatrix}$$

8.4　神经网络的代价函数

　　学习是神经网络最重要的能力。神经网络可以从所需要的例子集合中学习，从输入与输出的映射中学习。对于有监督学习，是在已知输入模式和期望输出的情况下进行的学习。对应每一个输入，根据实际响应与期望响应之间的差距作为测量误差，用来校正网络的参数（权值和阈值），输入-输出模式的集合称为这个学习模型的训练样品集合。整个学习过程可以说是一个相对持久的变化过程，主要是网络连接权的值发生了变化，学习到的内容也是记忆在连接权当中。这章主要介绍神经网络的学习过程。

　　首先，引入一些便于稍后讨论的新标记方法：

　　（1）L 代表一个神经网络中的层数。

　　（2）S_l 代表第 l 层的处理单元（包括偏见单元）的个数。

　　（3）S_L 代表最后一层中处理单元的个数。

（4）K代表我们希望分类的类的个数，与S_L相等。

我们回顾逻辑回归问题中我们的代价函数为：

$$J(\theta) = -\left[\frac{1}{m}\sum_{i=1}^{m}(y^{(i)} \times \lg(h_\theta(x^{(i)})) + (1-y^{(i)}) \times \lg(1-h_\theta(x^{(i)})))\right] + \frac{\lambda}{2m}\sum_{j=1}^{n}\theta_j^2$$

$$(8\text{-}5)$$

在逻辑回归中，我们只有一个输出变量，又称标量（Scalar），也只有一个因变量y，但是在神经网络中，我们可以有很多输出变量，我们的$h_\theta(x)$是一个维度为K的向量，并且我们训练集中的因变量也是同样维度的一个向量，因此我们的代价函数会比逻辑回归更加复杂一些，为：

$$J(\theta) = -\frac{1}{m}\left[\sum_{i=1}^{m}\sum_{k=1}^{K}y_k^{(i)}\lg(h_\theta(x^{(i)}))_k + (1-y_k^{(i)})\lg(1-(h_\theta(x^{(i)}))_k)\right] +$$

$$\frac{\lambda}{2m}\sum_{l=1}^{L-1}\sum_{i=1}^{s_l}\sum_{j=1}^{s_l+1}(\theta_{ji}^{(l)})^2 \qquad (8\text{-}6)$$

这个看起来复杂很多的代价函数背后的思想还是一样的，我们希望通过代价函数来观察算法预测的结果与真实情况的误差有多大，唯一不同的是，对于每一行特征，我们都会给出K个预测，基本上我们可以利用循环，对每一行特征都预测K个不同结果，然后在利用循环在K个预测中选择可能性最高的一个，将其与y中的实际数据进行比较。

归一化的那一项只是排除了每一层θ_0后，每一层的θ矩阵的和。最里层的循环j循环所有的行（由s_l+1层的激活单元数决定），循环i则循环所有的列，由该层（sl层）的激活单元数所决定。

8.5 反向传播算法

之前我们在计算神经网络预测结果的时候我们采用了一种正向传播方法，我们从第一层开始正向一层一层进行计算，直到最后一层的$h_\theta(x)$。现在，为了计算代价函数的偏导数$\dfrac{\partial}{\partial\theta_{il}^{(l)}}J(\theta)$，我们需要采用一种反向传播算法，也就是首先计算最后一层的误差，然后再一层一层反向求出各层的误差，直到倒数第二层。以一个例子来说明反向传播算法。

假设我们的训练集只有一个实例$(x^{(1)}, y^{(1)})$，我们的神经网络是一个四层的神经网络，其中$K=4$，$S_L=4$，$L=4$，如图8-13所示。

我们从最后一层的误差开始计算，误差是激活单元的预测（$a_k^{(4)}$）与实际值（y_k）之间的误差（$k=1$：K）。我们用δ来表示误差，则：

$$\delta^{(4)} = a^{(4)} - y \qquad (8\text{-}7)$$

我们利用这个误差值来计算前一层的误差：

$$\delta^{(3)} = (\theta^{(3)})^\mathrm{T}\delta^{(4)}\,.*\,g'(z^{(3)}) \qquad (8\text{-}8)$$

式中，$g'(z^{(3)})$是S形函数的导数，$g'(z^{(3)}) = a^{(3)}\,.*\,(1-a^{(3)})$；而$(\theta^{(3)})^\mathrm{T}\delta^{(4)}$则是权重导致的误差的和。下一步是继续计算第二层的误差：

$$\delta^{(2)} = (\theta^{(2)})^\mathrm{T}\delta^{(3)}\,.*\,g'(z^{(2)}) \qquad (8\text{-}9)$$

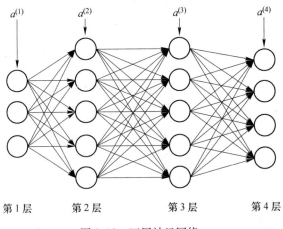

图 8-13 四层神经网络

因为第一层是输入变量，不存在误差。我们有了所有的误差的表达式后，便可以计算代价函数的偏导数了，假设 $\lambda = 0$，即我们不做任何归一化处理时有：

$$\frac{\partial}{\partial \theta_{(ij)}^{(l)}} J(\theta) = a_j^{(l)} \delta_i^{l+1} \tag{8-10}$$

重要的是清楚地知道上面式子中上下标的含义：

（1）l 代表目前所计算的是第几层。

（2）j 代表目前计算层中的激活单元的下标，也将是下一层的第 j 个输入变量的下标。

（3）i 代表下一层中误差单元的下标，是受到权重矩阵中第 i 行影响的下一层中的误差单元的下标。

如果我们考虑归一化处理，并且我们的训练集是一个特征矩阵而非向量。在上面的特殊情况中，我们需要计算每一层的误差单元来计算代价函数的偏导数。在更为一般的情况中，我们同样需要计算每一层的误差单元，但是我们需要为整个训练集计算误差单元，此时的误差单元也是一个矩阵，我们用 $\Delta_{(ij)}^{(l)}$ 来表示这个误差矩阵。第 l 层的第 i 个激活单元受到第 j 个参数影响而导致的误差。

我们的算法表示为：

for i = 1：m ｛

    set $a^{(i)} = x^{(i)}$

    perform foward propagation to compute $a^{(1)}$ for l = 1, 2, 3…L

    Using $\delta^{(L)} = a^{(L)} - y^i$

    perform back propagation to compute all previous layer error vector

    $\Delta_{(ij)}^{(l)} := \Delta_{(ij)}^{(l)} + a_j^{(l)} \delta_i^{l+1}$

    ｝

即首先用正向传播方法计算出每一层的激活单元，利用训练集的结果与神经网络预测的结果求出最后一层的误差，然后利用该误差运用反向传播法计算出直至第二层的所有误差。

在求出了 $\Delta_{(ij)}^{(l)}$ 之后，我们便可以计算代价函数的偏导数了，计算方法如下：

$$D_{(ij)}^{(l)} := \frac{1}{m} \Delta_{(ij)}^{(l)} + \lambda \theta_{(ij)}^{(l)} \quad j \neq 0$$

$$D_{(ij)}^{(l)}: \quad = \frac{1}{m}\Delta_{(ij)}^{(l)} \qquad\qquad j = 0 \qquad\qquad (8\text{-}11)$$

8.6 梯 度 检 验

当我们对一个较为复杂的模型（例如，神经网络）使用梯度下降算法时，可能会存在一些不容易察觉的错误。意味着，虽然代价看上去在不断减小，但最终的结果可能并不是最优解。

为了避免这样的问题，我们采取一种叫做梯度的数值检验（Numerical Gradient Checking）方法。这种方法的思想是通过估计梯度值来检验我们计算的导数值是否真的是我们要求的。

对梯度的估计采用的方法是在代价函数上沿着切线的方向选择离两个非常近的点然后计算两个点的平均值用以估计梯度。即对于某个特定的 θ，我们计算出在 $\theta-\varepsilon$ 处和 $\theta+\varepsilon$ 处的代价值（ε 是一个非常小的值，通常选取 0.001），然后求两个代价值的平均，用以估计在 θ 处的代价值（如图 8-14 所示）。

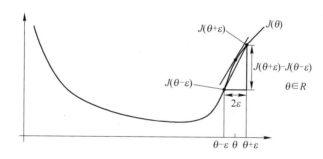

图 8-14　代价函数

当 θ 是一个向量时，我们则需要对偏导数进行检验。因为代价函数的偏导数检验只针对一个参数的改变进行检验，下面是一个只针对 θ_1 进行检验的示例：

$$\frac{\partial}{\partial\theta_1} = \frac{J(\theta_1+\varepsilon_1,\theta_2,\theta_3,\cdots,\theta_n) - J(\theta_1-\varepsilon_1,\theta_2,\theta_3,\cdots,\theta_n)}{2\varepsilon} \qquad (8\text{-}12)$$

最后，我们还需要对通过反向传播方法计算出的偏导数进行检验。

根据上面的算法，计算出的偏导数存储在矩阵 $D_{ij}^{(l)}$ 中。检验时，我们要将该矩阵展开成为向量，同时我们也将 θ 矩阵展开为向量，我们针对每一个 θ 都计算一个近似的梯度值，将这些值存储于一个近似梯度矩阵中，最终将得出的这个矩阵同 $D_{ij}^{(l)}$ 进行比较。

任何优化算法都需要一些初始的参数。对于逻辑回归来说，可以初始所有参数为 0，但是对于神经网络来说是不可行的。如果我们令所有的初始参数都为 0，这将意味着我们第二层的所有激活单元都会有相同的值。同理，如果我们初始所有的参数都为一个非 0 的数，结果也是一样的。因此，我们通常初始参数为正负 ε 之间的随机值。

8.7　综　　合

使用神经网络时的步骤：

首先，做的事是选择网络结构，即决定选择多少层以及决定每层分别有多少个单元。

（1）第一层的单元数即我们训练集的特征数量。

（2）最后一层的单元数是我们训练集的结果的类的数量。

（3）如果隐藏层数大于 1，确保每个隐藏层的单元个数相同，通常情况下隐藏层单元的个数越多越好。我们真正要决定的是隐藏层的层数和每个中间层的单元数。

然后，是训练神经网络：

（1）参数的随机初始化。

（2）利用正向传播方法计算所有的 $h_\theta(x)$。

（3）编写计算代价函数 J 的代码。

（4）利用反向传播方法计算所有偏导数。

（5）利用数值检验方法检验这些偏导数。

（6）使用优化算法来最小化代价函数。

思考题与习题

8-1　由单神经元构成的感知器网络，如下图所示。

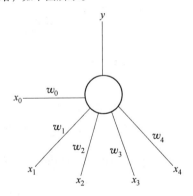

已知：$x_0 = 1, w_0 = -1, w_1 = w_2 = w_3 = w_4 = 0.5$。

假设：神经元的变换函数为符号函数，即：$y = \begin{cases} 1 & s \geq 0 \\ -1 & s < 0 \end{cases}$。

若该网络输入端有十种不同的输入模式，即：$x_1 x_2 x_3 x_4 = 0000 - 1001$，试分析该感知器网络对以上输入的分类结果。

8-2　人工神经网络是模拟生物神经网络的产物，除相同点外，它们还存在哪些主要区别？

8-3　构建一个有两个输入一个输出的单层感知器，实现对下表中的数据进行分类，设感知器的阈值为 0.6，初始权值均为 0.1，学习率为 0.6，误差值要求为 0，感知器的激活函数为硬限幅函数，计算权值 w_1 与 w_2。

x_1	x_2	d
0	0	0
0	1	0
1	0	0
1	1	1

8-4 对误差反传训练算法而言，如何有效提高训练速度？

8-5 考虑一个有两个输入层节点，两个隐含层节点和两个输出层节点组成的层 BP 神经网络，用 w_{ij}^{ih} 表示从第 i 个输入层节点到第 j 个隐含层节点的连接权系数，用 w_{jk}^{ho} 表示从第 j 个输入层节点到第 k 个隐含层节点的连接权系数，网络中各神经元的激发函数为 S 形函数，即 $f(x) = \dfrac{1}{1 + e^x}$，设误差函数为

$$E = 0.5 \sum_{p=1}^{P} \sum_{k}^{2} (d_k(p) - y_k(p))^2$$，其中 $(d_1(p), d_2(p))$ 为在给定输入 $(x_1(p), x_2(p))$ 时的理想输出，试写出：

(1) 隐含层两个神经元的输出 $h_1(p)$ 和 $h_2(p)$；

(2) 输出层两个神经元的实际输出 $y_1(p)$，$y_2(p)$；

(3) 隐含层到输出层的连接权系数 w_{jk}^{ho} 的修正公式；

(4) 输入层到隐含层的连接权系数 w_{ij}^{ih} 的修正公式（选做）。

8-6 考虑一个 MP 人工神经元模型，设有其他三个神经元传入神经元输入信号，分别为：$x_1 = -1$、$x_2 = 1$、$x_3 = -0.1$，这三个神经元到该神经元的连接权值分别为：0.1、0.4、0.16，神经元的阈值为 0.5，激发函数是中心为零，扩展速度为 1 的高斯型径向基函数，求该神经元的输出值。

第9章 支持向量机

教学要求：掌握支持向量机的优化目标；

掌握支持向量机的最大判定边界；

掌握核函数的构造方法；

掌握支持向量回归的建模思想；

掌握线性回归方法；

掌握非线性回归方法。

重　　点：支持向量机的分类方法；

支持向量回归的学习方法。

难　　点：支持向量机的优化目标；

支持向量回归的函数管道思想与不敏感函数；

核函数的构造。

第9章　课件

支持向量机（Support Vector Machine，SVM），是非常强大且流行的算法，在一些情况下，能面向一些复杂的非线性问题提供比逻辑回归或神经网络要更加简洁的解决方案。这种技术具有坚实的统计学理论基础，可以很好地应用于高维数据，避免了维灾难问题。这种方法具有一个独特的特点，它使用训练实例的一个子集来表示决策边界，该子集称为支持向量（Support Vector）。

SVM 程序 1

为了解释 SVM 的基本思想，首先通过对比逻辑回归引出了 SVM 的优化目标，然后介绍了支持向量机的最大判定边界，并通过介绍核函数将 SVM 方法扩展到非线性可分的数据上。在此基础上，引出了支持向量回归的建模方法。

SVM 程序 2

9.1　优　化　目　标

以逻辑回归为例展开讨论，回顾逻辑回归模型：

$$h_{\theta}(x) = \frac{1}{1 + e^{-\theta^{\mathrm{T}}x}} \tag{9-1}$$

我们分 $y=1$ 和 $y=0$ 两种情况讨论：

（1）$y=1$ 时，希望假设 $h_{\theta}(x)$ 预测的值尽可能接近 1，即希望 $z=\theta^{\mathrm{T}}x$ 尽可能地大。

（2）$y=0$ 时，希望假设 $h_{\theta}(x)$ 预测的值尽可能接近 0，即希望 $z=\theta^{\mathrm{T}}x$ 尽可能地小。

从代价函数来看，回顾逻辑回归模型的代价函数为：

$$J(\theta) = -\frac{1}{m}\Big[\sum_{i=1}^{m} y^{(i)}\lg h_\theta(x^{(i)}) + (1 - y^{(i)})\lg(1 - h_\theta(x^{(i)}))\Big] \qquad (9\text{-}2)$$

针对任何训练集中任何一个实例，对总的代价的影响为：

$$-\big[y\lg h_\theta(x) + (1 - y)\lg(1 - h_\theta(x))\big]$$

$$= -y\lg\frac{1}{1 + e^{-\theta^T x}} - (1 - y)\lg\Big(1 - \frac{1}{1 + e^{-\theta^T x}}\Big) \qquad (9\text{-}3)$$

为了使每一个实例造成的代价都尽可能地小，分 $y = 1$ 和 $y = 0$ 两种情况讨论，最佳的情况是代价为 0，但是由曲线可以看出，代价始终存在而非 0（如图 9-1 所示）。

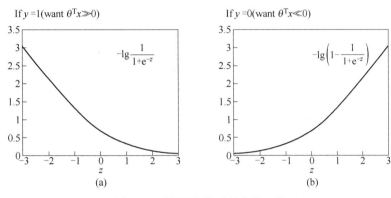

图 9-1 逻辑回归模型的代价函数

在支持向量机中，我们将曲线的代价函数转变成由两条线段构成的折线（如图 9-2 所示）：

（1）当 $y = 1$ 时，我们希望构建新的代价函数如 $\text{cost}_1(z)$ 所示，当 $z \geq 1$ 时，$\text{cost}_1(z) = 0$。

（2）当 $y = 0$ 时，我们希望构建新的代价函数如 $\text{cost}_0(z)$ 所示，当 $z \leq -1$ 时，$\text{cost}_0(z) = 0$。

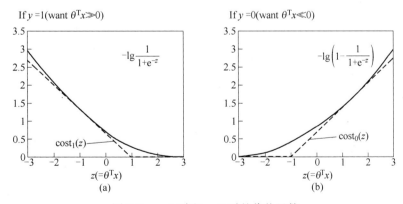

图 9-2 $y = 1$ 时和 $y = 0$ 时的代价函数

用这两个新构建的代价函数代替原本逻辑回归的代价函数，得到：

$$\frac{1}{m}\Big[\sum_{i=1}^{m} y^{(i)}\text{cost}_1(z) + (1 - y^{(i)})\text{cost}_0(z)\Big] + \frac{\lambda}{2m}\sum_{j=1}^{n}\theta_j^2 \qquad (9\text{-}4)$$

对上面这个代价函数稍作调整：

（1）因为 $1/m$ 实际上不影响最优化的结果，将其去掉。

（2）因为归一化参数 λ 控制的是归一化的这一项在整个代价函数中占的比例，对于支持向量机，我们想要控制的是新构建的代价函数部分，因此我们去掉 λ 的同时给第一项乘以一个常数 C，相当于我们将整个代价函数除以了 λ，且 $C=1/\lambda$。

我们依旧是希望找出能使该代价函数最小的参数。注意，调整后的代价函数是一个凸函数（Convex Function），而非之前逻辑回归那样的非凸函数。这意味着，求解的过程中，不会陷入局部最小值而错过全局最小值的情况：

$$\min_\theta C \sum_{i=1}^m \left[y^{(i)} \mathrm{cost}_1(\theta^\mathrm{T} x^{(i)}) + (1 - y^{(i)}) \mathrm{cost}_0(\theta^\mathrm{T} x^{(i)}) \right] + \frac{1}{2} \sum_{i=1}^n \theta_j^2 \qquad (9\text{-}5)$$

最后，给出支持向量机的假设为：

$$h_\theta(x) = \begin{cases} 1 & \theta^\mathrm{T} x \geqslant 0 \\ 0 & \theta^\mathrm{T} x < 0 \end{cases} \qquad (9\text{-}6)$$

注意到，我们给出的支持向量机假设在预测时是以 z 与 0 的大小关系作为依据的，然而在训练函数时，我们是以正负 1 为依据的，这是支持向量机与逻辑回归的一个关键区别，且导致了下面要介绍的支持向量机的特性。

9.2 支持向量机判定边界

支持向量机有的时候也被称为最大间隔分类器（Large Margin Classifier），其原因是：支持向量机可以尝试发现一个与样本数据集之间有着最大间隔的判定边界。

图 9-3 所示是一个可以用直线来区分的分类问题示例，图中点划线和虚线代表着两条逻辑回归的判定边界，而细实线代表的则是支持向量机的判定边界，从图上看出细实线似乎是更合理的，两条粗实线代表的是支持向量机的判定边界与样本数据之间的间隔。

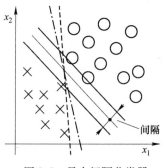

图 9-3　最大间隔分类器

下面我们思考一下支持向量机中归一化常数 C。

$$\min_\theta C \sum_{i=1}^m \left[y^{(i)} \mathrm{cost}_1(\theta^\mathrm{T} x^{(i)}) + (1 - y^{(i)}) \mathrm{cost}_0(\theta^\mathrm{T} x^{(i)}) \right] + \frac{1}{2} \sum_{i=1}^n \theta_j^2 \qquad (9\text{-}7)$$

假使我们选择的 C 是一个非常大的值，那么在让代价函数最小化的过程中，我们希望找出在 $y=1$ 和 $y=0$ 两种情况下都使得代价函数中左边的这一项尽量为零的参数。如果我们找到了这样的参数，则我们的最小化问题便转变成：

$$\min \frac{1}{2} \sum_{j=1}^n \theta_j^2 \ s \cdot t \begin{cases} \theta^\mathrm{T} x^{(i)} \geqslant 1 & y^{(i)} = 1 \\ \theta^\mathrm{T} x^{(i)} \leqslant -1 & y^{(i)} = 0 \end{cases} \qquad (9\text{-}8)$$

这种情况下，我们得出的支持向量机判定边界是上面的细实线那样，具有尝试使得判定边界与样本数据间间隔最大的特性。

然而，使得判定边界与样本数据之间间隔最大并不总是好事。假使，我们的数据集如

图 9-4 所示。

我们发现数据集中间有一个较为明显的异常值，如果我们在选取较大的 C，会导致得到的支持向量机判定边界为图中虚线所示，似乎不是非常的合理。但如果我们选择的 C 较小，那么可能会获得图中虚直线所示的判定边界。也就是说 C 值越小，支持向量机对异常值越不敏感。

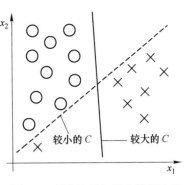

图 9-4　判定边界与样本数据边界

回顾 $C = 1/\lambda$，因此：

（1）C 较大时，相当于 λ 较小，可能会导致过拟合，高偏倚。

（2）C 较小时，相当于 λ 较大，可能会导致低拟合，高偏差。

9.3　核 函 数

回顾我们之前讨论过可以使用高级数的多项式模型来解决无法用直线进行分隔的分类问题，如图 9-5 所示。

为了获得上图所示的判定边界，我们的模型可能是 $\theta_0 + \theta_1 x_1 + \theta_2 x_2 + \theta_3 x_1 x_2 + \theta_4 x_1^2 + \theta_5 x_2^2 + \cdots$ 的形式。我们可以用一系列的新的特征 f 来替换模型中的每一项。例如，令：$f_1 = x_1$，$f_2 = x_2$，$f_3 = x_1 x_2$，$f_4 = x_1^2$，$f_5 = x_2^2$，得到 $h_\theta(x) = f_1 + f_2 + \cdots + f_n$。然而，除了对原有的特征进行组合以外，有没有更好的方法来构造 f_1，f_2，f_3？我们可以利用核函数来计算出新的特征。

给定一个训练实例 x，我们利用 x 的各个特征与我们预先选定的地标（Landmarks）$l^{(1)}$，$l^{(2)}$，$l^{(3)}$ 的近似程度来选取新的特征 f_1，f_2，f_3（如图 9-6 所示）。

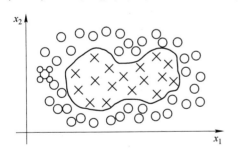

图 9-5　无法用直线进行分隔的分类问题

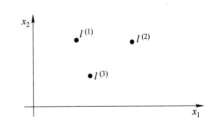

图 9-6　选取新特征

例如：

$$f_1 = \text{similarity}(x, l^{(1)}) = e\left(-\frac{\| x - l^{(1)} \|^2}{2\sigma^2} \right) \tag{9-9}$$

其中，$\| x - l^{(1)} \|^2 = \sum_{j=1}^{n} (x_j - l_j^{(1)})^2$，为实例 x 中所有特征与地标 $l^{(1)}$ 之间的距离的和。上例中的 similarity（x, $l^{(1)}$）就是核函数，具体而言，这里是一个高斯核函数（Gaussian Kernel）。注：这个函数与正态分布没什么实际上的关系，只是看上去像而已。这些地标的作用是什么？如果一个训练实例 x 与地标 l 之间的距离近似于 0，则新特征 f 近似于 e^{-0}

=1，如果训练实例 x 与地标 l 之间距离较远，则 f 近似于 $e^{-(一个较大的数)} = 0$。

假设我们的训练实例含有两个特征 $[x_1\ x_2]$，给定地标 $l^{(1)}$ 与不同的 σ 值，如图 9-7 所示。

$$l^{(1)} = \begin{bmatrix} 3 \\ 5 \end{bmatrix}, \quad f_1 = \exp\left(-\frac{\|x - l^{(1)}\|^2}{2\sigma^2}\right)$$

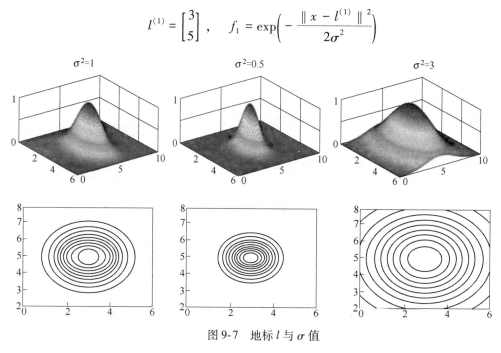

图 9-7　地标 l 与 σ 值

图中水平面的坐标为 x_1，x_2，而垂直坐标轴代表 f。可以看出，只有当 x 与 $l^{(1)}$ 重合时 f 才具有最大值。随着 x 的改变 f 值改变的速率受到 σ_2 的控制。

在图 9-8 中，当实例处于灰实点位置处，因为其离 $l^{(1)}$ 更近，但是离 $l^{(2)}$ 和 $l^{(3)}$ 较远，因此 f_1 接近 1，而 f_2，f_3 接近 0。因此，$h_\theta(x) = \theta_0 + \theta_1 f_1 + \theta_2 f_2 + \theta_3 f_3 > 0$，预测 $y = 1$。同理可以求出，对于离 $l^{(2)}$ 较近的 ○ 点，也预测 $y = 1$，但是对于 ⊙ 点，因为其离三个地标都较远，预测 $y = 0$。

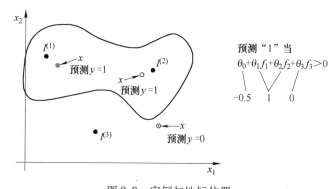

图 9-8　实例与地标位置

这样，图中的封闭曲线所表示的范围，便是我们依据一个单一的训练实例和我们选取的地标所得出的判定边界，在预测时，我们采用的特征不是训练实例本身的特征，而是通过核函数计算出的新特征 f_1，f_2，f_3。

（1）如何选择地标？我们通常是根据训练集的数量选择地标的数量，即如果训练集中有 m 个实例，则我们选取 m 个地标，并且令：$l^{(1)}=x^{(1)}$，$l^{(2)}=x^{(2)}$，$\cdots$，$l^{(m)}=x^{(m)}$。这样做的好处在于：现在我们得到的新特征是建立在原有特征与训练集中所有其他特征之间距离的基础之上的，即：

$$f^{(i)}=\begin{bmatrix} f_0^{(i)}=1 \\ f_1^{(i)}=\mathrm{sim}(x^{(i)},l^{(1)}) \\ f_2^{(i)}=\mathrm{sim}(x^{(i)},l^{(2)}) \\ f_i^{(i)}=\mathrm{sim}(x^{(i)},l^{(i)})=e^0=1 \\ \vdots \\ f_m^{(i)}=\mathrm{sim}(x^{(i)},l^{(m)}) \end{bmatrix} \tag{9-10}$$

下面我们将核函数运用到支持向量机中，修改我们的支持向量机。假设为：给定 x，计算新特征 f，当 $\theta^{\mathrm{T}}f \geqslant 0$ 时，预测 $y=1$，否则反之。

相应地修改代价函数为：

$$\min C\sum_{i=1}^{m}\left[y^{(i)}\mathrm{cost}_1(\theta^{\mathrm{T}}f^{(i)})+(1-y^{(i)})\mathrm{cost}_0(\theta^{\mathrm{T}}f^{(i)})\right]+\frac{1}{2}\sum_{j=1}^{n=m}\theta_j^2 \tag{9-11}$$

在具体实施过程中，我们还需要对最后的归一化项进行些微调整，在计算 $\sum_{j=1}^{n=m}\theta_j^2=\theta^{\mathrm{T}}\theta$ 时，我们用 $\theta^{\mathrm{T}}M\theta$ 代替 $\theta^{\mathrm{T}}\theta$，其中 M 是根据我们选择的核函数而不同的一个矩阵。这样做的原因是为了简化计算。

理论上讲，我们也可以在逻辑回归中使用核函数，但是上面使用 M 来简化计算的方法不适用于逻辑回归，因此计算将非常耗费时间。

在此，我们不介绍最小化支持向量机的代价函数的方法，你可以使用现有的软件包（如 Liblinear，Libsvm 等）。在使用这些软件包最小化我们的代价函数之前，我们通常需要编写核函数，并且如果我们使用高斯核函数，那么在使用之前进行特征缩放是非常必要的。

另外，支持向量机也可以不使用核函数，不使用核函数又称为线性核函数（Linear Kernel），当我们不采用非常复杂的函数，或者我们的训练集特征非常多而实例非常少的时候，可以采用这种不带核函数的支持向量机。

下面是支持向量机的两个参数 C 和 σ 的影响：

1）C 较大时，相当于 λ 较小，可能会导致过拟合，高偏倚。

2）C 较小时，相当于 λ 较大，可能会导致低拟合，高偏差。

3）σ 较大时，导致高偏倚。

4）σ 较大时，导致高偏差在高斯核函数。之外我们还有其他一些选择，如：

多项式核函数（Polynomial Kernel）；

字符串核函数（String Kernel）；

卡方核函数（Chi-square Kernel）；

直方图交集核函数（Histogram Intersection Kernel）。

这些核函数的目标也都是根据训练集和地标之间的距离来构建新特征，这些核函数需要满足 Mercer's 定理,才能被支持向量机的优化软件正确处理。

(2)多类分类问题。假设我们利用之前介绍的一对多方法来解决一个多类分类问题。如果一共有 k 个类,则我们需要 k 个模型,以及 k 个参数向量 θ。我们同样也可以训练 k 个支持向量机来解决多类分类问题。但是大多数支持向量机软件包都有内置的多类分类功能,我们只要直接使用即可。

9.4 逻辑回归与支持向量机

从逻辑回归模型,我们得到了支持向量机模型,在两者之间,我们应该如何选择呢?下面是一些普遍使用的准则:

(1)如果相较于 m 而言,n 要大许多,即训练集数据量不够支持我们训练一个复杂的非线性模型,我们选用逻辑回归模型或者不带核函数的支持向量机。

(2)如果 n 较小,而且 m 大小中等,例如 n 在 $1\sim1000$ 之间,而 m 在 $10\sim10000$ 之间,使用带高斯核函数的支持向量机。

(3)如果 n 较小,而 m 较大,例如 n 在 $1\sim1000$ 之间,而 m 大于 50000,则使用支持向量机会非常慢,解决方案是创造、增加更多的特征,然后使用逻辑回归或不带核函数的支持向量机。

值得一提的是,神经网络在以上三种情况下都可能会有较好的表现,但是训练神经网络可能非常慢,选择支持向量机的原因主要在于它的代价函数是凸函数,不存在局部最小值。

9.5 支持向量回归

Vapnik 等人在研究出 SVC 以后,不久又成功地发展出 SVR 算法(Support Vector Regression,支持向量回归),使 SVM 的两大模块:分类与回归,初具规模。

9.5.1 函数管道思想与不敏感函数

以往的回归方法在建模过程中,由于训练样本数据中必然携带有误差,只是其大小不同而已,所以往往可能将有限样本数据中的误差也拟合进数学模型。而支持向量回归算法有效地克服这个问题,它的基础主要是 ε 不敏感函数(ε-Insensitive Function)和核函数算法。

这里提到的"ε 不敏感函数"的概念,简单说就是在拟合目标函数 $y = (f(x) = w^{\mathrm{T}}x + b)$ 时,若目标值 y_i 符合 $|y_i - w^{\mathrm{T}}x - b| \leqslant \varepsilon$ 即停止。满足此条件的解有无限多个,形成一个所谓的"函数管道"。若将拟合的数学模型表达为多维空间的某一曲线,则根据不敏感函数所得的结果就是包络该曲线和训练点的"ε 管道"。在所有样本点中,只有分布在"管壁"上的那一部分样本决定管道的位置。这一部分训练样本称为"支持向量"。支持向量回归示意如图 9-9 所示。

所谓的 ε 不敏感函数可以定义如下:

$$L_\varepsilon(y) = \left| y - f(x_i) \right|_\varepsilon = \begin{cases} 0 & \left| y - f(\boldsymbol{x}_i) \right| \leqslant \varepsilon \\ \left| y - f(\boldsymbol{x}_i) \right| - \varepsilon & \text{other} \end{cases} \tag{9-12}$$

令 $\left| f(\boldsymbol{x}) - y \right| = \left| \xi \right|$，则不敏感函数可表示为：

$$\left| \xi \right|_\varepsilon = \begin{cases} 0 & \left| \xi \right| \leqslant \varepsilon \\ \left| \xi \right| - \varepsilon & \text{otherwise} \end{cases} \tag{9-13}$$

如图 9-9 所示，该函数在拟合值与训练值的差（绝对值）小于给定的数值时，其值即为零，控制训练过程不再继续进行"精确拟合"。那么，此时在符合要求的范围里将存在许多的函数。

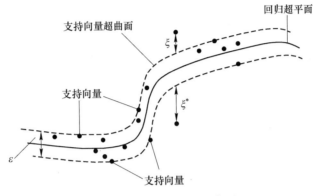

图 9-9 支持向量回归示意图

9.5.2 线性回归

训练样本集假定为 $D = \{(\boldsymbol{x}_i, y_i), i = 1, 2, \cdots, l\}$，其中 $\boldsymbol{x}_i \in \boldsymbol{R}^N$ 为输入值，$y_i \in \boldsymbol{R}$ 为对应的目标值，l 为样本数，回归函数用下列线性方程来表示：

$$f(x) = \boldsymbol{w}^{\mathrm{T}} x + b \tag{9-14}$$

最佳回归函数可以令其为如下的式子：

$$\phi(w, \xi^*, \xi) = \frac{1}{2} \left\| w \right\|^2 + C \Big(\sum_{i=1}^{l} \xi_i + \sum_{i=1}^{l} \xi_i^* \Big) \tag{9-15}$$

式中，C 是设定的惩罚因子值，ξ_i、ξ_i^* 为松弛变量的上限与下限。若是 C 和 ξ_i、ξ_i^* 一定，则求上式的最小极值实际上仅仅与 $\left\| w \right\|^2$ 有关。在支持向量分类中，$\left\| w \right\|^2$ 联系着最佳分类超平面和支持向量之间的距离，而在回归中 $\left\| w \right\|^2$ 有着什么意思呢？

我们先假定最佳回归函数已经找到，并将其写作 $f(x) = \boldsymbol{w}^{\mathrm{T}} x + b$。从最简单的二维平面入手，那么线性的最佳回归函数就是一条直线。而自图 9-10 可以看出，平行于直线 $f(x) = \boldsymbol{w}^{\mathrm{T}} x + b$ 的两条虚线就表示 ε 管道的"管壁"，则最佳回归直线至"管壁线"的距离（以线 d 代表）、线 $f(x) - y_i$ 和其连线组成一个直角三角形，而 $\dfrac{1}{\sqrt{1 + \left\| w \right\|^2}}$ 可以看作线 d 所对角的正弦函数值。根据简单的数学原理即可得：

$$d = \frac{\left| f(x) - y_i \right|}{\sqrt{1 + \left\| w \right\|^2}} \tag{9-16}$$

而对于 $\left| \boldsymbol{w} \cdot \boldsymbol{x} + b - y_i \right| \leqslant \varepsilon$ 有：

$$d \leqslant \frac{\varepsilon}{\sqrt{1 + \parallel w \parallel^2}} \tag{9-17}$$

图 9-10 按照式（9-16）的"等号"成立时所绘，以表明 ε 管道的管道大小。更高维情况下式（9-17）的结论不变，不同的是 w，x 由实数又变成矢量（记为 $\boldsymbol{w}$，$\boldsymbol{x}$），而管道直径正是 d 的两倍。所以可以说，对于给定的 ε，ε 管道的大小尺度为 $2\varepsilon/\sqrt{1 + \parallel w \parallel^2}$。当 $\parallel w \parallel^2$ 越小，则管道的直径越大，管道就越大。而在 ε 一定的条件下，显然越大的管道具有越强的包容性。到目前为止，根据正则化理论，这个特殊项 $\parallel w \parallel^2$ 被看作一个特定的正则化项，其值如果比较小，将使得支持向量回归得到一个"平坦化"的回归结果。也就是，在 $\boldsymbol{x}$ 剧烈变化时，函数值 y 的变化却很平稳。最佳回归函数就是在 ε 一定时，使 $\parallel w \parallel^2$ 取得极小值的函数。

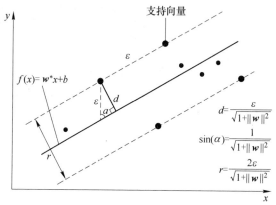

图 9-10　二维最佳回归函数示意图

根据式（9-15）进行变化后，可以通过下面的优化方程进行求解：

$$\min_{\alpha,\ \alpha^*} \boldsymbol{w}(\alpha,\ \alpha^*) = \min_{\alpha,\ \alpha^*} \frac{1}{2} \sum_{i=1}^{l} \sum_{j=1}^{l} (\alpha_i^* - \alpha_i)(\alpha_j^* - \alpha_j) < \boldsymbol{x}_i^{\mathrm{T}} \boldsymbol{x}_j > - $$
$$\sum_{i=1}^{l} (\alpha_i^* - \alpha_i) y_i + \varepsilon \sum_{i=1}^{l} (\alpha_i^* - \alpha_i)$$

$$\text{subject to} \begin{cases} \displaystyle\sum_{i=1}^{l} (\alpha_i^* - \alpha_i) = 0 \\ \alpha,\ \alpha^* \in [0,\ c] \end{cases} \tag{9-18}$$

求解：

$$\min_{\alpha,\ \alpha^*} \boldsymbol{w}(\alpha,\ \alpha^*) = \min_{\alpha,\ \alpha^*} \frac{1}{2} \sum_{i=1}^{l} \sum_{j=1}^{l} (\alpha_i^* - \alpha_i)(\alpha_j^* - \alpha_j) < \boldsymbol{x}_i^{\mathrm{T}} \boldsymbol{x}_j > - $$
$$\sum_{i=1}^{l} (\alpha_i^* - \alpha_i) y_i + \varepsilon \sum_{i=1}^{l} (\alpha_i^* - \alpha_i) \tag{9-19}$$

$$\overline{\alpha},\ \overline{\alpha}^* = \operatorname{argmin}\Big[\frac{1}{2} \sum_{i=1}^{l} \sum_{j=1}^{l} (\alpha_i^* - \alpha_i)(\alpha_j^* - \alpha_j) < \boldsymbol{x}_i^{\mathrm{T}} \boldsymbol{x}_j > - $$
$$\sum_{i=1}^{l} (\alpha_i^* - \alpha_i) y_i + \varepsilon \sum_{i=1}^{l} (\alpha_i^* - \alpha_i) \Big] \tag{9-20}$$

由此可得拉格朗日方程的待定系数 α_i 和 α_i^*，从而得回归系数和常数项：

$$\overline{w} = \sum_{i=1}^{l} (\alpha_i - \alpha_i^*) x_i \tag{9-21}$$

$$\overline{b} = -\frac{1}{2}\overline{w}[x_r + x_s] \tag{9-22}$$

9.5.3　非线性回归

与解决分类问题极为类似。用核函数代替线性方程中的线性项可以使原来的线性算法"非线性化"，即能作非线性回归。一个非线性映射就可将数据映射到高维的特征空间中，在其中就可以进行线性回归。与此同时，引进核函数达到了"升维"的目的，而增加的可调参数却很少，于是过拟合仍能控制。同时，选择合适的核函数，可以避免模式升维可能产生的"维数灾难"。同时通过运用一个非敏感性损耗函数，非线性 SVR 的解即可以下面方程求出：

$$\min_{\alpha,\,\alpha^*} w(\alpha,\,\alpha^*) = \min_{\alpha,\,\alpha^*} \frac{1}{2} \sum_{i=1}^{l} \sum_{j=1}^{l} (\alpha_i^* - \alpha_i)(\alpha_j^* - \alpha_j) K(x_i,\,x_j) -$$

$$\sum_{i=1}^{l} (\alpha_i^* - \alpha_i) y_i + \varepsilon \sum_{i=1}^{l} (\alpha_i^* - \alpha_i)$$

$$\text{subject to} \begin{cases} \sum\limits_{i=1}^{l} (\alpha_i^* - \alpha_i) = 0 \\ \alpha,\,\alpha^* \in [0,\,c] \end{cases} \tag{9-23}$$

由此可得拉格朗日待定系数 α_i 和 α_i^*，回归函数 $f(x)$ 则为：

$$f(x) = \sum_{i=1}^{l} (\alpha_i^* - \alpha_i) K(x_i,\,x) + b \tag{9-24}$$

从以上方程的形式上可以看出，数学上它还是一个解决二次规划的问题。只不过，较分类时更复杂，变量更多，运算量也更大而已。

思考题与习题

9-1　已知正例点 $x_1 = (1,\,2)^T$，$x_2 = (2,\,3)^T$，$x_3 = (3,\,3)^T$，负例点 $x_4 = (2,\,1)^T$，$x_5 = (3,\,2)^T$，试求最大间隔分离超平面和分类决策函数，并在图上画出分离超平面、间隔边界及支持向量。

9-2　线性支持向量机还可以定义为以下形式：

$$\min_{w,\,b,\,\xi} \frac{1}{2} \| w \|^2 + C \sum_{i=1}^{N} \xi_i^2$$

$$\text{s.t. } y_i(w \cdot x_i + b) \geqslant 1 - \xi_i \quad (i = 1,\,2,\,\cdots,\,N)$$

$$\xi_i \geqslant 0 \quad (i = 1,\,2,\,\cdots,\,N)$$

试求其对偶形式。

9-3　支持向量机的基本思想或方法是什么？

9-4　什么叫线性可分，支持向量机如何解决线性不可分的问题？

9-5　支持向量机的主要应用和研究的热点是什么？

9-6　现有一个点能被正确分类且远离决策边界。如果将该点加入到训练集，为什么 SVM 的决策边界不受其影响，而已经学好的 logistic 回归会受影响？

9-7 设训练集

$$T = \{(x_1, y_1), \cdots, (x_{100}, y_{100})\}$$

是根据单变量函数 $\mathrm{sinc}x = \dfrac{\sin x}{x}$ 在受到噪声的干扰下产生的。确切地说，x_1, $\cdots$, x_{100} 是在 $[-16, 16]$ 上均匀分布的 161 个点，而

$$y_i = \frac{\sin x_i}{x_i} + \xi_i \qquad (i = 1, \cdots, 100)$$

其中噪声 ξ_i 服从正态分布，且 $E\xi_i = 0$，$E\xi_i^2 = \sigma^2$，这里 $\sigma = 0.05$，0.2，0，5。根据上述方式构造的训练集计算回归函数。

9-8 设训练集

$$T = \{(x_1, y_1), \cdots, (x_{200}, y_{200})\} = \{([x_1]_1, [x_1]_2, y_1), \cdots, ([x_{200}]_1, [x_{200}]_2, y_{200})\}$$

是根据二元函数 $y = \dfrac{\sin(\sqrt{[x]_1^2 + [x]_2^2})}{\sqrt{[x]_1^2 + [x]_2^2}}$ 在受到噪声的干扰下产生的，确切地说，x_1, $\cdots$, x_{200} 是在矩形 $[-5, 5] \times [-1, 5]$ 上均匀分布的 200 个点，而

$$y_i = \frac{\sin(\sqrt{[x_i]_1^2 + [x_i]_2^2})}{\sqrt{[x_i]_1^2 + [x_i]_2^2}} + \xi_i \qquad (i = 1, \cdots, 200)$$

其中噪声 ξ_i 服从正态分布，且 $E\xi_i = 0$，$E\xi_i^2 = \sigma^2 = 0.1^2$。根据上述方式构造的训练集计算回归函数。

第10章 降 维

教学要求：了解数据降维的动机；
　　　　　掌握主要成分分析方法。
重　点：主成分分析算法的实现。
难　点：主要成分数量的选择；
　　　　　主成分分析算法的应用。

第 10 章　课件

　　伴随信息技术的不断发展与更新，人们收集和获得数据的能力越来越强。而这些数据已呈现出维数高、规模大和结构复杂等特性。如何利用这些数据，发挥其价值，引起很多人的关注和研究。人们想利用这些大数据（维数大、规模大、复杂大），挖掘其中有意义的知识和内容以指导实际生产和具体应用，数据的降维就显得尤为重要了。数据降维，又称为维数约简。顾名思义，就是降低数据的维数。为什么要降低数据的维数，如何有效地降低数据的维数？由此问题引发了广泛的研究和应用。

　　数据降维，一方面可以解决"维数灾难"，缓解"信息丰富、知识贫乏"现状，降低复杂度；另一方面可以更好地认识和理解数据。截止到目前，数据降维的方法很多。从不同的角度入手可以有不同的分类，主要分类方法有：根据数据的特性可以划分为线性降维和非线性降维，根据是否考虑和利用数据的监督信息可以划分为无监督降维、有监督降维和半监督降维，根据保持数据的结构可以划分为全局保持降维、局部保持降维和全局与局部保持一致降维等。

　　总之，数据降维意义重大，数据降维方法众多，很多时候需要根据特定问题选用合适的数据降维方法。

10.1 数 据 压 缩

　　本小节介绍降维的一个应用，即数据的压缩，这样不仅可以减少数据所占磁盘空间，还可以提高程序的运行速度。下面通过几个例子来介绍降维。

10.1.1 将数据从二维降至一维

　　假使我们要采用两种不同的仪器来测量一些东西的尺寸，其中一个仪器测量结果的单位是英寸，另一个仪器测量的结果是厘米，我们希望将测量的结果作为我们数据挖掘算法的特征。现在的问题是，两种仪器对同一个东西测量的结果不完全相等（由于误差、精度等），而将两者都作为特征有些重复，因而，我们希望将这个二维的数据降至一维。

具体做法是，我们找出一条合适的直线，然后将所有的数据点都投射到该直线上，然后用 $z^{(i)}$ 标识，这样我们便完成了二维数据 $x^{(i)}$ 向一维数据 $z^{(i)}$ 的映射（如图 10-1 所示）。这样新得到的特征只是原有特征的近似，但是这样做将我们的存储、内存占用量减半，并且使算法可以运行得更快。

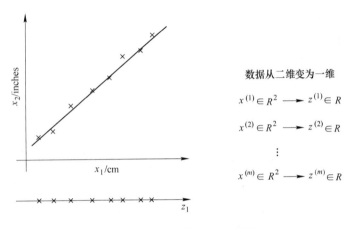

数据从二维变为一维

$$x^{(1)} \in R^2 \longrightarrow z^{(1)} \in R$$

$$x^{(2)} \in R^2 \longrightarrow z^{(2)} \in R$$

$$\vdots$$

$$x^{(m)} \in R^2 \longrightarrow z^{(m)} \in R$$

图 10-1　二维数据降为一维数据

10.1.2　将数据从三维降至二维

这个例子中我们要将一个三维的特征向量降至一个二维的特征向量。过程是与上面类似的，首先我们将三维向量投射到一个二维的平面上，强迫使得所有的数据都在同一个平面上，降至二维的特征向量。这样的处理过程可以被用于把任何维度的数据降到任何想要的维度，例如将 1000 维的特征降至 100 维。三维数据降为二维数据如图 10-2 所示。

10.2　数据可视化

本小节将主要讲解降维的第二种应用，即数据的可视化，许多机器学习算法可以帮助我们开发高效的学习算法，但前提是我们能够更好地理解数据，数据降维是能够将数据可视化的一种有用的工具。假如我们已经搜集了大量的数据，具有许多的特征，如 $x \in R^{50}$，那么，如何能够将这些数据可视化呢？绘制一幅 50 维的图是不可能的。那么，有没有能够观察数据的好方法呢？可以使用降维方法。假使我们有关于许多不同国家的数据，每一个特征向量都有 50 个特征（如 GDP、人均 GDP、平均寿命等）。如果要将这个 50 维的数据可视化是不可能的。使用降维的方法将其降至 2 维，我们便可以将其可视化了。

这样做的问题在于，降维的算法只负责减少维数，新产生的特征的意义就必须由我们自己去发现了。

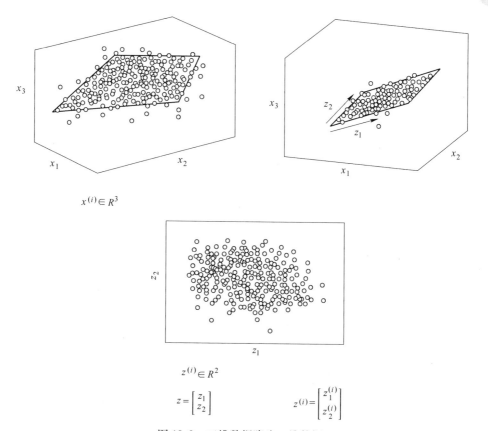

$$x^{(i)} \in R^3$$

$$z^{(i)} \in R^2$$

$$z = \begin{bmatrix} z_1 \\ z_2 \end{bmatrix} \qquad z^{(i)} = \begin{bmatrix} z_1^{(i)} \\ z_2^{(i)} \end{bmatrix}$$

图 10-2 三维数据降为二维数据

10.3 主要成分分析

对于降维问题来说，目前最流行、最实用的方法是主成分分析法（Principal Component Analysis，PCA），本小节主要介绍 PCA 的公式描述。假设有如图 10-3 所示的数据集，该数据集中含有二维实数空间内的样本 X，现在需要对数据进行降维，由 2D 降到 1D，想找到一条直线，把所有数据点都投影到该直线上，那么，怎么能够找到这样一条直线呢？如图 10-3 所示，其实就是想找到一条直线，使得所有数据点到它们在这条直线上的投影点之间的距离的平方和最小，这些距离被称为投影误差，所以，PCA 的目的就是为了寻找到一个投影平面，使得投影误差平方和达到最小。在进行 PCA 之前，需要先进行数据归一化和特征规范化，使得 x_1、x_2 的特征均值为 0。仍回到刚刚的问题，现在，如果选择另外一条投影直线，会发现结果非常的差，因为投影误差很大，每个样本都需要移动很大的距离才能被投影到这条投影直线上。这也就是为什么 PCA 会选择第一条直线作为投影直线。

在 PCA 中，我们要做的是找到一个方向向量（Vector Direction），当我们把所有的数据都投射到该向量上时，我们希望投射平均均方误差能尽可能地小。方向向量是一个经过原点的向量，而投射误差是从特征向量向该方向向量作垂线的长度。

下面给出主要成分分析问题的描述：

（1）问题是要将 n 维数据降至 k 维。

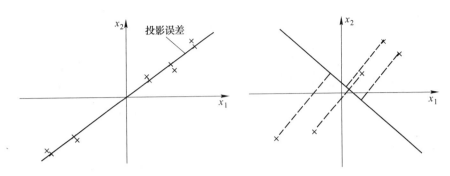

图 10-3 主成分分析

（2）目标是找到向量 $u^{(1)}$，$u^{(2)}$，…，$u^{(k)}$ 使得总的投射误差最小。

主成分分析与线性回归之间有什么关系呢？主成分分析与线性回归是两种不同的算法，它们只是看起来有点相似。主成分分析最小化的是投影误差（Projected Error），而线性回归尝试的是最小化预测误差。如图 10-4 所示，左边的是线性回归的误差（垂直于横轴投影），右边则是主要成分分析的误差（垂直于线投影）。线性回归的目的是预测结果，而主成分分析不作任何预测。图 10-4 中，左边的是线性回归的误差，右边则是主要成分分析的误差。PCA 是在寻找一个低维的平面，使得数据在其上的投影具有最小化的投影误差平方和。

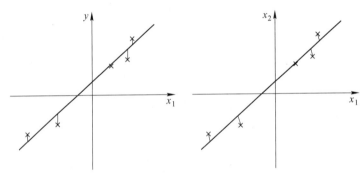

图 10-4 线性回归与主成分分析的比较

10.4 主要成分分析算法

PCA 的主要目的就是求解 k 个方向向量和所有数据点在投影后的低维面的投影点。下面给出 PCA 的步骤：

第一步是均值归一化。我们需要计算出所有特征的均值，然后令 $x_j = x_j - \mu_j$。如果特征是在不同的数量级上，我们还需要将其除以标准差 σ^2。

第二步是计算协方差矩阵（Covariance Matrix）$\sum$：

$$\sum = \frac{1}{m}\sum_{i=1}^{n}(x^{(i)})(x^{(i)})^{\mathrm{T}} \tag{10-1}$$

第三步是计算协方差矩阵的特征向量（Eigenvectors）：我们可以利用

PCA 程序

奇异值分解（Singular Value Decomposition）来求解，$[U,\ S,\ V] = \mathrm{svd}(\mathrm{sigma})$。

第四步，对于一个 $n \times n$ 维度的矩阵，上式中的 U 的各列是使得已知数据具有最小投影误差的方向向量。如果我们希望将数据从 n 维降至 k 维，我们只需要从 U 中选取前 K 个向量，获得一个 $n \times k$ 维度的矩阵，我们用 U_{reduce} 表示，然后通过如下计算获得要求的新特征向量 $z^{(i)}$：

$$z^{(i)} = U_{\mathrm{reduce}}^{\mathrm{T}} \times x^{(i)} \tag{10-2}$$

式中，x 是 $n \times 1$ 维的，因此结果为 $k \times 1$ 维度。PCA 不考虑 $x_0 = 1$。

10.5　选择主要成分的数量

在 PCA 算法中，将 n 维特征变量变换为 k 维特征变量，这里的参数 k 是一个重要的参数，被称为主成分的数量，本小节主要讲述如何选择这个参数 k。首先，给出几个概念：

（1）投影误差平方和均值：

$$\frac{1}{m} \sum_{i=1}^{m} \| x^{(i)} - x_{\mathrm{approx}}^{(i)} \|^2 \tag{10-3}$$

式中，$x_{\mathrm{approx}}^{(i)}$ 是 $x^{(i)}$ 在降维平面上的投影点，$\| x^{(i)} - x_{\mathrm{approx}}^{(i)} \|$ 是 $x^{(i)}$ 和 $x_{\mathrm{approx}}^{(i)}$ 之间的距离。

（2）训练集的方差，即数据集中所有样本长度的平方和的均值，也就是，平均来看，样本距离原点有多远：

$$\frac{1}{m} \sum_{i=1}^{m} \| x^{(i)} \|^2 \tag{10-4}$$

选择 k 值时，一个经验法则是：希望在平均均方误差与训练集方差的比例尽可能小的情况下选择尽可能小的 k 值。如果我们希望这个比例小于 1%，就意味着原本数据的偏差有 99% 都保留下来了，如果我们选择保留 95% 的偏差，便能非常显著地降低模型中特征的维度了。

那么，如何实现这个过程呢？首先，令 $k = 1$，然后进行主要成分分析，计算样本投影误差平方和均值与数据方差之间的比值，计算比例是否小于 1%。如果满足范围要求，则停止，$k = 1$ 就是比较好的选择，否则，再令 $k = 2$，如此类推，直到找到可以使得比例小于 1% 的最小 k 值（原因是各个特征之间通常情况存在某种相关性）。

还有一些更好的方式来选择 k，实际上，在进行 PCA 时，在对协方差矩阵进行 svd 时，我们获得三个参数：$[U,\ S,\ V] = \mathrm{svd}(\mathrm{sigma})$。矩阵 S 是一个 $n \times n$ 的矩阵，只有对角线上有值，而其他单元都是 0。

$$S = \begin{bmatrix} s_{11} & & & & \\ & s_{22} & & O & \\ & & s_{33} & & \\ & O & & \ddots & \\ & & & & s_{nn} \end{bmatrix}$$

可以证明，给定一个 k 值，样本投影误差平方和均值与训练集方差之间的比值可以由下式计算得到：

$$\frac{\dfrac{1}{m}\sum_{i=1}^{m}\parallel x^{(i)} - x_{\text{approx}}^{(i)} \parallel^2}{\dfrac{1}{m}\sum_{i=1}^{m}\parallel x^{(i)} \parallel^2} = 1 - \frac{\sum_{i=1}^{k} S_{ii}}{\sum_{i=1}^{m} S_{ii}} \leqslant 1\% \tag{10-5}$$

也就是：

$$\frac{\sum_{i=1}^{k} s_{ii}}{\sum_{i=1}^{n} s_{ii}} \geqslant 0.99 \tag{10-6}$$

所以，在对 k 值进行尝试时，只需要计算上式即可，从而逐渐找到能够确保 99% 差异性被保留的最小 k 值。这样做，只需要调用一次 svd，而不是一遍一遍调用 svd。

总结一下，在利用 PCA 进行数据压缩时，通常使用的方法是：对协方差矩阵进行一次 svd，然后找到使得 $\dfrac{\sum_{i=1}^{k} s_{ii}}{\sum_{i=1}^{n} s_{ii}}$ 满足要求的最小 k 值（在解释 PCA 获得比较好性能的这个数字时，应该说"有百分之多少的差异性能被保留下来了"，表明了这些近似数据对原始数据的近似有多好）。

PCA 作为数据压缩算法，它可以把 1000 维的数据压缩 100 维特征，或将 3D 数据压缩到 2D。有这样一个数据压缩方法，那么相应地也应该有一个算法可以将压缩过的数据近似地变回到原始的高维度数据。假设一个已经被压缩过的 $z^{(i)}$，它有 100 个维度，怎样将它变回到原始的 1000 维的 $x^{(i)}$ 呢？

由于 $z^{(i)} = U_{\text{reduce}}^T x^{(i)}$，那么，在压缩过数据后，我们可以采用如下方法来近似地获得原有的特征：

$$x_{\text{approx}}^{(i)} = U_{\text{reduce}} z^{(i)} \tag{10-7}$$

根据 PCA，投影误差平方和不会很大，所以，$x_{\text{approx}}^{(i)}$ 会比较接近于 x。

10.6　应用主要成分分析

如前面所述，PCA 可以提高机器学习算法的速度，本小节主要讲述在实际应用中如何实现 PCA。如何通过 PCA 提高学习算法的效率呢？假使我们正在针对一张 100×100 像素的图片进行某个计算机视觉的数据挖掘算法，即总共有 10000 个特征。这种维度很高的特征向量，运行速度非常慢，需要进行降维，具体方法如下：

（1）第一步是运用主要成分分析将数据压缩至 1000 个特征。

（2）然后对训练集运行学习算法。

（3）在预测时，采用之前学习而来的 U_{reduce} 将输入的特征 x 转换成特征向量 z，然后再进行预测。

如果我们有交叉验证集合测试集，也采用对训练集学习而来的 U_{reduce}。

下面，介绍 PCA 常见的错误。

使用主要成分分析的一个常见错误情况是，将其用于减少过拟合（减少了特征的数量）。这样做非常不好，不如尝试归一化处理。原因在于主要成分分析只是近似地丢弃掉一些特征，它并不考虑任何与结果变量有关的信息，因此可能会丢失非常重要的特征。然而当我们进行归一化处理时，会考虑到结果变量，不会丢掉重要的数据。

另一个常见的错误是，默认地将主要成分分析作为学习过程中的一部分，这虽然很多时候有效果，最好还是从所有原始特征开始，只在有必要的时候（算法运行太慢或者占用太多内存）才考虑采用主要成分分析。

思考题与习题

10-1 什么是数据降维？

10-2 试述主成分分析的基本思想。

10-3 简述主成分分析中累积贡献率的具体含义。

10-4 已知 $X = (X_1, X_2, X_3)'$ 的协差阵为 $\begin{bmatrix} 11 & \sqrt{3}/2 & 3/2 \\ \sqrt{3}/2 & 21/4 & 5\sqrt{3}/4 \\ 3/2 & 5\sqrt{3}/4 & 31/4 \end{bmatrix}$，试进行主成分分析。

10-5 利用主成分分析法，综合评价六个工业行业的经济效益指标。

亿元

行业名称	资产总计	固定资产净值平均余额	产品销售收入	利润总额
煤炭开采和选业	61117.2	3032.7	683.3	61.6
石油和天然气开采业	5675.11	31126.2	717.5	33877
黑色金属矿采选业	768.1	221.2	116.5	11.8
有色金属矿采选业	622.4	248	116.4	21.6
非金属矿采选业	61111.11	2111.5	84.11	6.2
其他采矿业	1.6	0.5	0.3	0

10-6 对下表中的 30 名学生成绩进行主成分分析，可以选择几个综合变量来代表这些学生的六门课程成绩？

学生代码	数学	物理	化学	语文	历史	英语
1	71	64	114	52	61	52
2	78	116	81	80	811	76
3	611	56	67	75	114	80
4	77	111	80	68	66	60
5	84	67	75	60	70	63
6	62	67	83	71	85	77

续表

学生代码	数学	物理	化学	语文	历史	英语
7	74	65	75	72	111	73
8	111	74	117	62	71	66
11	72	87	72	711	83	76
11	82	70	83	68	77	85
11	63	70	60	111	85	82
11	74	711	115	511	74	511
11	66	61	77	62	73	64
11	111	82	118	47	71	60
11	77	111	85	68	73	76
11	111	82	84	54	62	60
17	78	84	111	51	60	60
18	111	78	78	511	72	66
111	80	111	83	53	73	70
20	58	51	67	711	111	85
21	72	811	88	77	80	83
22	64	55	50	68	68	65
23	77	811	80	73	75	70
24	72	68	77	83	112	711
25	72	67	61	112	112	88
26	73	72	70	88	86	711
27	77	81	62	85	111	87
28	61	65	81	118	114	115
211	711	115	83	811	811	711
30	81	111	711	73	85	80

第11章 异常检测

教学要求：了解异常检测的基本概念；
　　　　　　掌握异常点的密度估计方法；
　　　　　　掌握异常点检测方法。
重　点：异常检测的学习算法。
难　点：异常检测的特征选择；
　　　　　　异常检测中数据分布的分析。

第11章　课件

　　异常是在数据集中与众不同的数据，使人怀疑这些数据并非随机偏差，而是产生于完全不同的机制。异常检测和分析是数据挖掘中一个重要方面，也是一个非常有趣的挖掘课题。它用来发现"小的模式"（相对于聚类），即数据集中间显著不同于其他数据的对象。异常检测具有广泛的应用，如电信和信用卡欺骗、贷款审批、药物研究、医疗分析、消费者行为分析、气象预报、金融领域客户分类、网络入侵检测等。国内外关于异常检测这方面的已提出的算法文献非常多，这些方法大致分为四类：基于统计（Statistical-Based）的方法、基于距离（Distance-Based）的方法、基于偏差（Deviation-Based）的方法、基于密度（Density-Based）的方法。这章重点介绍基于统计的方法。

11.1　异常点的密度估计

　　统计学方法是基于模型的方法，即为数据构建一个模型，并且根据对象拟合模型的情况来评估它们。大部分用于异常点检测的统计学方法都基于构建一个密度估计模型，并考虑对象有多大可能符合该模型。假使给定数据集 $x^{(1)}$，$x^{(2)}$，$\cdots$，$x^{(m)}$ 是正常的，我们希望知道新的数据 $x_{(test)}$ 是不是异常的，即这个测试数据不属于该组数据的几率如何。我们所构建的模型应该能根据该测试数据的位置告诉我们其属于一组数据的可能性 $p(x)$。给定数据集的可能性估计如图 11-1 所示。

　　图 11-1 中，在圈内的数据属于该组数据的可能性较高，而越是偏远的数据，其属于该组数据的可能性就越低。

　　这种方法称为密度估计，表达如下：

$$\text{if} \quad p(x) \begin{cases} \leqslant \varepsilon & \text{异常} \\ > \varepsilon & \text{正常} \end{cases} \tag{11-1}$$

　　异常检测主要用来识别欺骗。例如在线采集而来的有关用户的数据，一个特征向量中可能会包含如：用户多久登录一次访问过的页面，在论坛发布的帖子数量，甚至是打字速

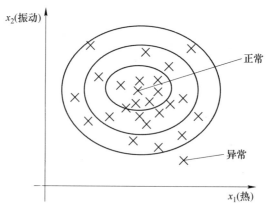

图 11-1 给定数据集的可能性估计

度等。尝试根据这些特征构建一个模型，可以用这个模型来识别那些不符合该模式的用户。

再一个例子是检测一个数据中心，特征可能包含：内存使用情况，被访问的磁盘数量，CPU 的负载，网络的通信量等。根据这些特征可以构建一个模型，用来判断某些计算机是不是有可能出错了。

11.2 异 常 检 测

密度估计模型通过估计用户指定的分布的参数，由数据创建。高斯分布是统计学最常使用的分布之一，我们将使用它介绍一种简单的统计学异常点检测方法。如果假定变量 x 符合高斯分布 $x \sim N(\mu, \sigma^2)$，它的两个参数 μ 和 σ 分别为均值和标准差，则其概率密度函数为：

$$P(x, \mu, \sigma^2) = \frac{1}{\sqrt{2\pi}\,\sigma} \exp - \left[\frac{(x-\mu)^2}{2\sigma^2} \right] \tag{11-2}$$

对于给定的数据集 $x^{(1)}$，$x^{(2)}$，…，$x^{(m)}$，我们要针对每一个特征计算 μ 和 σ^2 的估计值。

$$\mu_j = \frac{1}{m} \sum_{i=1}^{m} x^{(i)} \quad \sigma_j^2 = \frac{1}{m} \sum_{i=1}^{m} \left[x_j^{(i)} - \mu_j \right]^2 \tag{11-3}$$

数据挖掘算法中，对于方差我们通常只除以 m 而非统计学中的 $(m-1)$。

一旦我们获得了平均值和方差的估计值，给定新的一个训练实例，根据模型计算 $p(x)$：

$$p(x) = \prod_{j=1}^{n} p(x_j, \mu_j, \sigma_j^2) = \prod_{j=1}^{n} \frac{1}{\sqrt{2\pi}\,\sigma_j} \exp \left[- \frac{(x_j - \mu_j)^2}{2\sigma_j^2} \right] \tag{11-4}$$

图 11-2 所示是一个有两个特征的训练集以及它的特征的分布情况。

下面的三维图表表示的是密度估计函数，z 轴为根据两个特征的值所估计 $p(x)$ 值，如图 11-3 所示。

我们选择一个 ε，将 $p(x) = \varepsilon$ 作为我们的判定边界，当 $p(x) > \varepsilon$ 时预测数据为正常数据，否则为异常。

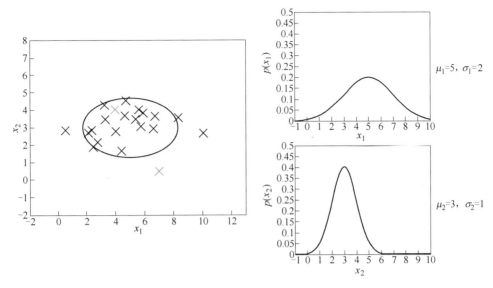

图 11-2 训练集和分布情况

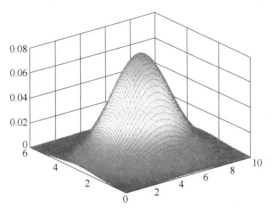

图 11-3 密度估计函数

11.3 评价一个异常检测系统

异常检测算法是一个非监督学习算法，意味着我们无法根据结果变量 y 的值来告诉我们数据是否真的是异常的。我们需要另一种方法来帮助检验算法是否有效。当我们开发一个异常检测系统时，我们从带标记（异常或正常）的数据着手，从其中选择一部分正常数据用于构建训练集，然后用剩下的正常数据和异常数据混合的数据构成交叉检验集和测试集。

例如：我们有 10000 台正常引擎的数据，有 20 台异常引擎的数据。我们这样分配数据：

（1）6000 台正常引擎的数据作为训练集。

（2）2000 台正常引擎和 10 台异常引擎的数据作为交叉检验集。

（3）2000 台正常引擎和 10 台异常引擎的数据作为测试集。

具体的评价方法如下：

（1）根据测试集数据，我们估计特征的平均值和方差并构建 $p(x)$ 函数。

（2）对交叉检验集，我们尝试使用不同的 ε 值作为阈值，并预测数据是否异常，根据 $F1$ 值或者查准率与查全率的比例来选择 ε。

（3）选出 ε 后，针对测试集进行预测，计算异常检验系统的 $F1$ 值或者查准率与查全率比。

11.4　异常检测与监督学习对比

之前我们构建的异常检测系统也使用了带标记的数据，与监督学习有些相似，根据表11-1 的对比可以帮助我们决定选择采用监督学习还是异常检测。

表 11-1　异常检测与监督学习的对比

异 常 检 测	监 督 学 习
非常少量的正向类（异常数据 $y=1$），大量的负向类（$y=0$）	同时有大量的正向类和负向类
许多不同种类的异常，非常难根据非常少量的正向类数据来训练算法； 未来遇到的异常可能与已掌握的异常非常的不同	有足够多的正向类实例，足够用于训练算法，未来遇到的正向类实例可能与训练集中的异常近似
例如： （1）欺诈行为检测； （2）生产（例如，飞机引擎）； （3）检测数据中心的计算机运行状况	例如： （1）邮件过滤器； （2）天气预报； （3）肿瘤分类

11.5　选 择 特 征

对于异常检测算法，我们使用的特征是至关重要的，下面谈谈如何选择特征。

异常检测假设特征符合高斯分布，如果数据的分布不是高斯分布，异常检测算法也能够工作，但是最好还是将数据转换成高斯分布，例如使用对数函数：$x=\lg(x+c)$，其中 c 为非负常数或者 $x=x^c$，c 为 0~1 之间的一个分数等。异常特征检测如图 11-4 所示。

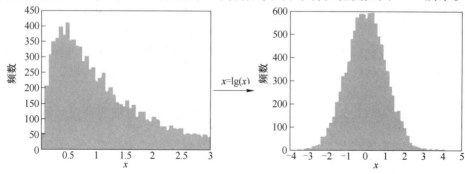

图 11-4　异常特征检测

在异常检测过程中，一个常见的问题是一些异常的数据可能也会有较高的 $p(x)$ 值，因而被算法认为是正常的。这种情况下误差分析能够帮助我们，我们可以分析那些被算法错误预测为正常的数据，观察能否找出一些问题。我们可能能从问题中发现需要增加一些新的特征，然后获得新算法帮助我们更好地进行异常检测。

我们通常可以通过将一些相关的特征进行组合，来获得一些新的更好的特征（异常数据的该特征值异常地大或小），例如，在检测数据中心的计算机状况的例子中，我们可以用 CPU 负载与网络通信量的比例作为一个新的特征，如果该值异常地大，便有可能意味着该服务器是陷入了一些问题中。

11.6 多元高斯分布

假使我们有两个相关的特征，而且这两个特征的值域范围比较宽，这种情况下，一般的高斯分布模型可能不能很好地识别异常数据。其原因在于，一般的高斯分布模型尝试的是去同时抓住两个特征的偏差，因此创造出一个比较大的判定边界。

图 11-5 中是两个相关特征，实线（根据 ε 的不同其范围可大可小）是一般的高斯分布模型获得的判定边界，很明显实线×所代表的数据点很可能是异常值，但是其 $p(x)$ 值却仍然在正常范围内。多元高斯分布将创建像图 11-5 中虚线曲线所示的判定边界。

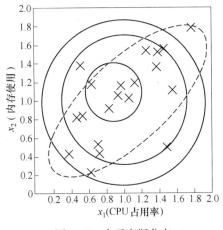

图 11-5　多元高斯分布

在一般的高斯分布模型中，我们计算 $p(x)$ 的方法是：

$$p(x) = \prod_{j=1}^{n} p(x_j, \mu_j, \sigma_j^2) = \prod_{j=1}^{n} \frac{1}{\sqrt{2\pi}\,\sigma_j} \exp\left[-\frac{(x_j - \mu_j)^2}{2\sigma_j^2} \right] \tag{11-5}$$

通过分别计算每个特征对应的几率然后将其累乘起来，在多元高斯分布模型中，我们将构建特征的协方差矩阵，用所有的特征一起来计算 $p(x)$。$p(x)$ 对模型的影响如图 11-6 所示。

我们首先计算所有特征的平均值，然后再计算协方差矩阵：

$$\mu = \frac{1}{m}\sum_{i=1}^{m} x^{(i)} \qquad \Sigma = \frac{1}{m}\sum_{i=1}^{m}(x^{(i)} - \mu)(x^{(i)} - \mu)^{\mathrm{T}} = \frac{1}{m}(X - \mu)^{\mathrm{T}}(X - \mu) \tag{11-6}$$

式中，μ 是一个向量，其每一个单元都是原特征矩阵中一行数据的均值。最后，我们计算多元高斯分布的 $p(x)$。

$$p(x) = \frac{1}{(2\pi)^{\frac{n}{2}}|\Sigma|^{\frac{1}{2}}} \exp\left[-\frac{1}{2}(x - \mu)^{\mathrm{T}} \Sigma^{-1}(x - \mu) \right] \tag{11-7}$$

式中，$|\Sigma|$ 是定矩阵，采用 det(sigma) 计算，Σ^{-1} 是逆矩阵。

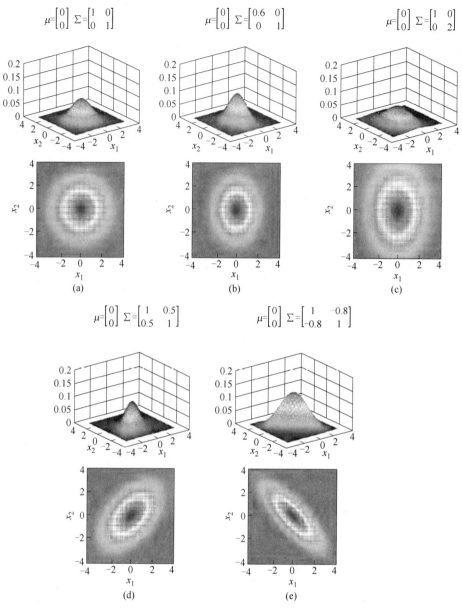

图 11-6 $p(x)$ 对模型的影响

下面我们来看看协方差矩阵是如何影响模型的。图 11-6 是 5 个不同的模型，从左往右依次分析如下：

（1）（a）是一个一般的高斯分布模型。

（2）（b）通过协方差矩阵，令特征 1 拥有较小的偏差，同时保持特征 2 的偏差。

（3）（c）通过协方差矩阵，令特征 2 拥有较大的偏差，同时保持特征 1 的偏差。

（4）（d）通过协方差矩阵，在不改变两个特征的原有偏差的基础上，增加两者之间的正相关性。

（5）（e）通过协方差矩阵，在不改变两个特征的原有偏差的基础上，增加两者之间的负相关性。

可以证明的是，原本的高斯分布模型是多元高斯分布模型的一个子集，即像图 11-6 中（a）～（c）3 个例子所示，如果协方差矩阵只在对角线的单位上有非零的值时，即为原本的高斯分布模型了。原高斯分布模型和多元高斯分布模型的比较见表 11-2。

表 11-2   原高斯分布模型和多元高斯分布模型的对比

原高斯分布模型	多元高斯分布模型
不能捕捉特征之间的相关性但可以通过将特征进行组合的方法来解决	自动捕捉特征之间的相关性
计算代价低，能适应大规模的特征	计算代价较高、训练集较小时也同样适用； 必须要有 $m > n$，不然协方差矩阵不可逆，通常需要 $m > 10n$； 另外，特征冗余也会导致协方差矩阵不可逆

原高斯分布模型被广泛使用，如果特征之间在某种程度上存在相互关联的情况，我们可以通过构造新特征的方法来弥补这些相关性。

如果训练集不是太大，并且没有太多的特征，我们可以使用多元高斯分布模型。

思考题与习题

11-1 考虑如下异常定义：异常是一个对象，它对数据模型的创建具有不寻常的影响。

(1) 将该定义与标准的基于模型的异常定义进行比较。

(2) 对于多大的数据集（小型、中型或大型），该定义是合适的？

11-2 讨论结合多种异常检测技术，提高异常对象识别的技术，考虑监督和非监督两种情况。

11-3 许多用于离群点检测统计检验是在这样一种环境下开发的：数百个观测就是一个大数据集。我们考察这种方法的局限性。

(1) 如果一个值与平均值的距离超过标准差的 3 倍，则检验称它为离群点。对于 1000000 个值的集合，根据该检验，有离群点的可能性有多大（假定正态分布）？

(2) 一种方法称离群点是具有不寻常低概率的对象。处理大型数据集时，该方法需要调整吗？如果需要，如何调整？

11-4 点 x 关于多元正态分布（均值为 μ，协方差矩阵为 Σ）的概率密度由下式给出：

$$\mathrm{prob}(x) = \frac{1}{(\sqrt{2\pi})^m \, |\Sigma|^{1/2}} e^{\frac{(x-\mu)\sum^{-1}(x-\mu)}{2}}$$

使用样本均值 $\bar{x}$ 和协方差矩阵 S 分别作为均值 μ 和协方差矩阵 Σ 的估计，证明 $\lg \mathrm{prob}(x)$ 等于数据点 x 与样本均值 $\bar{x}$ 之间的 Mahalanobis 距离，加上一个不依赖于 x 的常量。

11-5 假定正常对象被分类为异常的概率是 0.01，而异常对象被分类为异常的概率是 0.99。如果 99% 的对象都是正常的，那么假警告率（False Alarm Rate）和检测率各是多少（使用下面给出的定义）？

$$检测率 = \frac{检测出的异常的个数}{异常的总数}$$

$$假警告率 = \frac{假异常的个数}{被分类为异常的对象的个数}$$

第 12 章 推荐系统

随着互联网的发展，人们正处于一个信息爆炸的时代。相比于过去的信息匮乏，面对现阶段大规模的信息数据，对信息的筛选和过滤成为了衡量一个系统好坏的重要指标。一个具有良好用户体验的系统，会将大规模信息进行筛选、过滤，将用户最关注最感兴趣的信息展现在用户面前。这大大增加了系统工作的效率，也节省了用户筛选信息的时间。

搜索引擎的出现在一定程度上解决了信息筛选问题，但还远远不够。搜索引擎需要用户主动提供关键词来对大规模信息进行筛选。当用户无法准确描述自己的需求时，搜索引擎的筛选效果将大打折扣，而用户将自己的需求和意图转化成关键词的过程本身就是一个并不轻松的过程。

在此背景下，推荐系统出现了，推荐系统的任务就是解决上述的问题，联系用户和信息，一方面帮助用户发现对自己有价值的信息，另一方面让信息能够展现在对他感兴趣的人群中，从而实现信息提供商与用户的双赢。

12.1　问题形式化

很多提供推荐服务的网站都有一个让用户给物品打分的功能。那么，如果知道了用户对物品的历史评分，就可以从中学习得到用户的兴趣模型，并预测用户在将来看到一个他没有评过分的物品时，会给这个物品评多少分。

我们从一个例子开始定义推荐系统的问题。

假使我们是一个电影供应商，我们有 5 部电影和 4 个用户，我们要求用户为电影打分（如图 12-1 所示）。

前 3 部电影是爱情片，后 2 部则是动作片，我们可以看出爱丽丝和鲍勃似乎更倾向于爱情片，而卡罗尔和戴夫似乎更倾向于动作片，并且没有一个用户给所有的电影都打过分。我们希望构建一个算法来预测他们每个人可能会给他们没看过的电影打多少分，并以此作为推荐的依据。

电 影	爱丽丝(1)	鲍勃(2)	卡罗尔(3)	戴夫(4)
真心男儿	5	5	0	0
永恒浪漫	5	4.5 (?)	(?) 0	0
爱的可爱小狗	(?) 5	4	0	0 (?)
速度与激情	0	0	5	4
剑与空手道	0	0	5	4 (?)

图 12-1　电影打分

下面引入一些标记：

（1）n_u 表示用户的数量。

（2）n_m 表示电影的数量。

（3）$r(i, j)$ 表示如果用户 i 给电影 j 评过分，则 $r(i, j) = 1$。

（4）$y(i, j)$ 表示用户 i 给电影 j 的评分。

（5）m_j 表示用户 j 评过分的电影的总数。

12.2　基于内容的推荐系统

每一个观众只想看他感兴趣的东西，而不是与之无关的事物，那么如何才能知道观众的兴趣所在呢，还是数据挖掘，即根据用户以往的浏览历史来预测用户将来的行为，也就是基于内容的推荐。在一个基于内容的推荐系统算法中，假设对于我们希望推荐的东西有一些数据，这些数据是有关这些东西的特征。

在我们的例子中，假设每部电影都有两个特征，如 x_1 代表电影的浪漫程度，x_2 代表电影的动作程度。每部电影都有一个特征向量，如 $x^{(1)}$ 是第一部电影的特征向量，为 $\begin{bmatrix} 0.9 & 0 \end{bmatrix}$。

电影与特征向量如图 12-2 所示。

电 影	爱丽丝(1)	鲍勃(2)	卡罗尔(3)	戴夫(4)	x_1(浪漫)	x_2(动作)
真心男儿	5	5	0	0	0.9	0
永恒浪漫	5	?	?	0	1.0	0.01
爱的可爱小狗	?	4	0	?	0.99	0
速度与激情	0	0	5	4	0.1	1.0
剑与空手道	0	0	5	?	0	0.9

图 12-2　电影与特征向量

下面我们要基于这些特征来构建一个推荐系统算法预测评分。假设我们采用线性回归模型，针对每一个用户都训练一个线性回归模型，如 $\theta^{(1)}$ 是第一个用户的模型的参数。于是，我们有：

（1）$\boldsymbol{\theta}^{(j)}$用户$j$的参数向量。

（2）$\boldsymbol{x}^{(i)}$电影i的特征向量。

对于用户j和电影i，我们预测评分为：$(\boldsymbol{\theta}^{(j)})^{\mathrm{T}}(\boldsymbol{x}^{(i)})$。

为了保证预测评分的准确性，我们采用下面的代价函数来计算用户的参数向量。针对用户j，该线性回归模型的代价为预测误差的平方和加上归一化项：

$$\min_{\theta^{(j)}} \frac{1}{2} \sum_{i:\,r(i,j)=1} ((\boldsymbol{\theta}^{(j)})^{\mathrm{T}} \boldsymbol{x}^{(i)} - y^{(i,j)})^2 + \frac{\lambda}{2} \sum_{k=1}^{n} (\theta_k^{(j)})^2 \tag{12-1}$$

式中，$i:r(i,j)$表示我们只计算那些用户j评过分的电影。在一般的线性回归模型中，误差项和归一项应该都是乘以$1/2m$，在这里我们将m去掉，并且我们不对偏倚项θ_0进行归一化处理。

上面的代价函数只是针对一个用户的，为了学习所有用户，我们将所有用户的代价函数求和：

$$\min_{\theta^{(1)},\cdots,\theta^{(n_u)}} \frac{1}{2} \sum_{j=1}^{n_u} \sum_{i:\,r(i,j)=1} ((\boldsymbol{\theta}^{(j)})^{\mathrm{T}} \boldsymbol{x}^{(i)} - y^{(i,j)})^2 + \frac{\lambda}{2} \sum_{j=1}^{n_u} \sum_{k=1}^{n} (\theta_k^{(j)})^2 \tag{12-2}$$

如果我们要用梯度下降法来求解最优解，我们计算代价函数的偏导数后得到梯度下降的更新公式为：

$$\theta_k^{(j)} := \theta_k^{(j)} - \alpha \sum_{i:\,r(i,j)=1} ((\boldsymbol{\theta}^{(j)})^{\mathrm{T}} \boldsymbol{x}^{(i)} - y^{(i,j)}) x_k^{(i)} \quad (k=0)$$

$$\theta_k^{(j)} := \theta_k^{(j)} - \alpha \Big(\sum_{i:\,r(i,j)=1} ((\boldsymbol{\theta}^{(j)})^{\mathrm{T}} \boldsymbol{x}^{(i)} - y^{(i,j)}) x_k^{(i)} + \lambda \theta_k^{(j)} \Big) \quad (k \neq 0) \tag{12-3}$$

12.3　协同过滤算法

在之前的基于内容的推荐系统中，对于每一部电影，我们都掌握了可用的特征，使用这些特征训练出了每一个用户的参数。相反地，如果我们拥有用户的参数，我们可以学习得出电影的特征。

$$\min_{x^{(1)},\cdots,x^{(n_m)}} \frac{1}{2} \sum_{j=1}^{n_m} \sum_{j:\,r(i,j)=1} ((\boldsymbol{\theta}^{(j)})^{\mathrm{T}} \boldsymbol{x}^{(i)} - y^{(i,j)})^2 + \frac{\lambda}{2} \sum_{i=1}^{n_m} \sum_{k=1}^{n} (x_k^{(i)})^2 \tag{12-4}$$

但是如果我们既没有用户的参数，也没有电影的特征，这两种方法都不可行了。协同过滤算法可以同时学习这两者。

协同过滤是利用集体智慧的一个典型方法。要理解什么是协同过滤（Collaborative Filtering，简称CF），首先想一个简单的问题，如果你现在想看个电影，但你不知道具体看哪部，你会怎么做？大部分的人会问问周围的朋友，看看最近有什么好看的电影推荐，而我们一般更倾向于从口味比较类似的朋友那里得到推荐，这就是协同过滤的核心思想。换句话说，就是借鉴和你相关人群的观点来进行推荐，很好理解。

我们的优化目标改为同时针对x和θ进行。

$$J(x^{(1)},\cdots,x^{(n_m)},\theta^{(1)},\cdots,\theta^{(n_u)}) = \frac{1}{2} \sum_{(i,j):\,r(i,j)=1} ((\boldsymbol{\theta}^{(j)})^{\mathrm{T}} \boldsymbol{x}^{(i)} - y^{(i,j)})^2 +$$

$$\frac{\lambda}{2} \sum_{i=1}^{n_m} \sum_{k=1}^{n} (x_k^{(i)})^2 + \frac{\lambda}{2} \sum_{j=1}^{n_u} \sum_{k=1}^{n} (\theta_k^{(j)})^2 \tag{12-5}$$

对代价函数求偏导数的结果如下：

$$x_k^{(i)} := x_k^{(i)} - \alpha\Big(\sum_{j:r(i,j)=1}\big((\boldsymbol{\theta}^{(j)})^{\mathrm{T}}\boldsymbol{x}^{(i)} - y^{(i,j)}\big)\theta_k^{(j)} + \lambda x_k^{(i)}\Big)$$

$$\theta_k^{(j)} := \theta_k^{(j)} - \alpha\Big(\sum_{i:r(i,j)=1}\big((\boldsymbol{\theta}^{(j)})^{\mathrm{T}}\boldsymbol{x}^{(i)} - y^{(i,j)}\big)x_k^{(i)} + \lambda \theta_k^{(j)}\Big)$$

(12-6)

在协同过滤算法中，我们通常不使用偏倚项，如果需要的话，算法会自动学到。

协同过滤算法使用步骤如下：

（1）初始 $x^{(1)}$，$x^{(2)}$，…，$x^{(n_m)}$，$\theta^{(1)}$，$\theta^{(2)}$，…，$\theta^{(n_u)}$ 为一些随机小值。

（2）使用梯度下降算法最小化代价函数。

（3）在训练完算法后，我们预测 $(\boldsymbol{\theta}^{(j)})^{\mathrm{T}}(\boldsymbol{x}^{(i)})$ 为用户 j 给电影 i 的评分。

通过这个学习过程获得的特征矩阵包含了有关电影的重要数据，这些数据不总是人能读懂的，但是我们可以用这些数据作为给用户推荐电影的依据。

例如，如果一位用户正在观看电影 $x^{(i)}$，我们可以寻找另一部电影 $x^{(j)}$，依据就是两部电影的特征向量之间的距离 $\| x^{(i)} - x^{(j)} \|$ 的大小。

12.4　均值归一化

让我们来看下面的用户评分数据，如图 12-3 所示。

电　影	爱丽丝(1)	鲍勃(2)	卡罗尔(3)	戴夫(4)	伊夫(5)
真心男儿	5	5	0	0	?
永恒浪漫	5	?	?	0	?
爱的可爱小狗	?	4	0	?	?
速度与激情	0	0	5	4	?
剑与空手道	0	0	5	0	?

$$Y = \begin{bmatrix} 5 & 5 & 0 & 0 & ? \\ 5 & ? & ? & 0 & ? \\ ? & 4 & 0 & ? & ? \\ 0 & 0 & 5 & 4 & ? \\ 0 & 0 & 5 & 0 & ? \end{bmatrix}$$

图 12-3　用户评分数据

如果我们新增一个用户伊夫，并且伊夫没有为任何电影评分，那么我们以什么为依据为伊夫推荐电影呢？

我们首先需要对结果 Y 矩阵进行均值归一化处理，将每一个用户对某一部电影的评分减去所有用户对该电影评分的平均值：

$$Y = \begin{bmatrix} 5 & 5 & 0 & 0 & ? \\ 5 & ? & ? & 0 & ? \\ ? & 4 & 0 & ? & ? \\ 0 & 0 & 5 & 4 & ? \\ 0 & 0 & 5 & 0 & ? \end{bmatrix} \quad \mu = \begin{bmatrix} 2.5 \\ 2.5 \\ 2 \\ 2.25 \\ 1.25 \end{bmatrix} \rightarrow Y = \begin{bmatrix} 2.5 & 2.5 & -2.5 & -2.5 & ? \\ 2.5 & ? & ? & -2.5 & ? \\ ? & 2 & -2 & ? & ? \\ -2.25 & -2.25 & 2.75 & 1.75 & ? \\ -1.25 & -1.25 & 3.75 & -1.25 & ? \end{bmatrix}$$

然后我们利用这个新的 Y 矩阵来训练算法。如果我们要用新训练出的算法来预测评分，则需要将平均值重新加回去，预测 $(\boldsymbol{\theta}^{(j)})^{\mathrm{T}}(\boldsymbol{x}^{(i)}) + \mu_i$。对于伊夫，我们的新模型会认为她给每部电影的评分都是该电影的平均分。

思考题与习题

12-1　个性化推荐系统的出现为我们的生活带来了哪些影响?

12-2　请比较本章所述基于内容的推荐,协同过滤推荐各自的优缺点。

12-3　在基于内容的推荐中,如何预测评分的准确性?

12-4　举例说明一个推荐系统工作原理的例子。

第 13 章　大规模数据挖掘算法

教学要求：了解大规模数据挖掘算法的基本问题；
　　　　　掌握各种大规模数据的训练学习方法；
　　　　　掌握在线学习的方法；
　　　　　掌握映射化简和数据并行的概念。
重　　点：随机梯度下降的学习算法。
难　　点：随机梯度下降的收敛。

第 13 章　课件

大数据对于数据挖掘，既是挑战，更是机遇。数据容量大可能导致某些理论上可行的统计建模方法和机器学习方法因假定严格或要求的存储资源和计算资源过大、时间成本过高而无法应用于实际数据分析中。为此，如何解决大容量引发的问题是亟待解决的课题。

13.1　大型数据集的学习

如果我们有一个低偏倚的模型，增加数据集的规模可以帮助你获得更好的结果。我们应该怎样应对一个有 100 万条记录的训练集？

以线性回归模型为例，每一次梯度下降迭代，我们都需要计算训练集的误差的平方和，如果我们的学习算法需要有 20 次迭代，这便已经是非常大的计算代价。

首先应该做的事是去检查一个这么大规模的训练集是否真的必要，也许我们只用 1000 个训练集也能获得较好的效果，我们可以绘制学习曲线来帮助判断。

如何确定训练一个模型应该用多少训练数据呢？上亿，还是上千？

方法如下：画出该模型的代价函数关于训练数据规模的学习曲线，如图 13-1 所示。

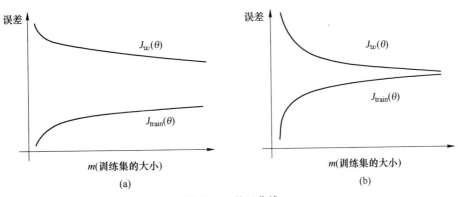

图 13-1　学习曲线

如果画出的学习曲线是这种高方差的学习曲线，$J_{train}(\theta)$ 是训练目标的学习曲线，$J_{\omega}(\theta)$ 是验证的学习曲线，那么，显然当训练规模增大时，验证的学习曲线会逼近训练目标的学习曲线。如果在 m 比较小时，验证的学习曲线就逼近训练目标的学习曲线，是属于高偏差的学习算法。那么再增加训练数据的规模就没什么用处了。此时，应该采取的策略是，增加特征，增加隐层的结点，让图 13-1 的（b）图变为（a）图。

13.2　随机梯度下降法

如果我们一定需要一个大规模的训练集，我们可以尝试使用随机梯度下降法来代替批量梯度下降法。在随机梯度下降法中，我们定义代价函数为一个单一训练实例的代价：

$$\text{cost}(\theta,(x^{(i)},y^{(i)})) = \frac{1}{2}(h_\theta(x^{(i)}) - y^{(i)})^2 \tag{13-1}$$

随机梯度下降算法为，首先对训练集随机"洗牌"（对训练集进行随机排列，打散了），然后：

$$\text{Repeat}(\text{usually anywhere between } 1\text{-}10)\{$$
$$\quad \text{for } i = 1:m\{$$
$$\qquad \theta_j := \theta_j - \alpha(h_\theta(x^{(i)}) - y^{(i)})x_j^{(i)}$$
$$\qquad (\text{for } j = 0:n)$$
$$\quad \}$$
$$\}$$

随机梯度下降算法在每一次计算之后便更新参数 θ，而不需要首先将所有的训练集求和，在梯度下降算法还没有完成一次迭代时，随机梯度下降算法便已经走出了很远。但是这样的算法存在的问题是，不是每一步都是朝着"正确"的方向迈出的。因此，算法虽然会逐渐走向全局最小值的位置，但是可能无法站到那个最小值的那一点，而是在最小值点附近徘徊。随机梯度算法如图 13-2 所示。

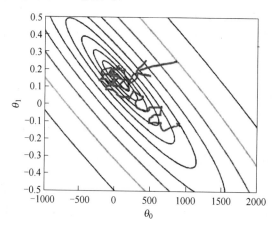

图 13-2　随机梯度算法

13.3　微型批量梯度下降

微型批量梯度下降算法是介于批量梯度下降算法和随机梯度下降算法之间的算法，每计算常数 b 次训练实例，便更新一次参数 θ。

通常我们会令 b 在 2~100 之间。这样做的好处在于，我们可以用向量化的方式来循环 b 个训练实例，如果我们用的线性代数函数库比较好，能够支持平行处理，那么算法的总体表现将不受影响（与随机梯度下降相同）。

Repeat {
　　for i = 1 : m {
$$\theta_j := \theta_j - \alpha \frac{1}{b} \sum_{k=i}^{i+b-1} (h_\theta(x^{(k)}) - y^{(k)}) x_j^{(k)}$$
　　（for j = 0 : n）
　　i += 10;
　　}
}

13.4　随机梯度下降收敛

在批量梯度下降中，我们可以令代价函数 J 为迭代次数的函数，绘制图表，根据图表来判断梯度下降是否收敛。但是，在大规模的训练集的情况下，这是不现实的，因为计算代价太大了。

在随机梯度下降中，我们在每一次更新 θ 之前都计算一次代价，然后每 X 次迭代后，求出这 X 次对训练实例计算代价的平均值，然后绘制这些平均值与 X 次迭代的次数之间的函数图表（如图 13-3 所示）。

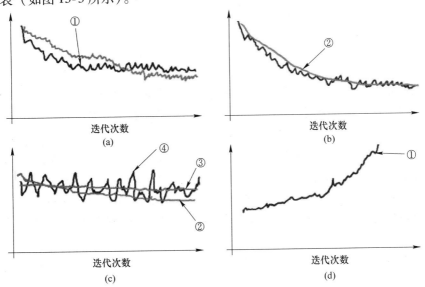

图 13-3　计算代价的平均值与 X 迭代次数的函数图

当我们绘制这样的图表时，可能会得到一个颠簸不平但是不会明显减少的函数图像（如图 13-3（c）中曲线④所示）。我们可以增加 X 来使得函数更加平缓，也许便能看出下降的趋势了（如图 13-3 中曲线②所示）；或者可能函数图表仍然是颠簸不平且不下降的（如图 13-3 中曲线③所示），那么我们的模型本身可能存在一些错误。

如果我们得到的曲线如图 13-3（d）所示，不断地上升，那么我们可能会需要选择一个较小的学习率 α。

我们也可以令学习率随着迭代次数的增加而减小，例如，令：

$$\alpha = \frac{\text{const1}}{\text{iterationNumber} + \text{const2}} \tag{13-2}$$

随着我们不断地靠近全局最小值，通过减小学习率，我们迫使算法收敛而非在最小值附近徘徊（如图 13-4 所示）。但是通常我们不需要这样做便能有非常好的效果了，对 α 进行调整所耗费的计算通常不值得。

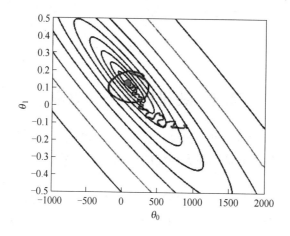

图 13-4　学习率与迭代次数

13.5　在　线　学　习

在线学习算法指的是对数据流而非离线的静态数据集的学习。许多在线网站都有持续不断的用户流，对于每一个用户，网站希望能在不将数据存储到数据库中便顺利地进行算法学习。

假使我们正在经营一家物流公司，每当一个用户询问从地点 A 至地点 B 的快递费用时，我们给用户一个报价，该用户可能选择接受（$y=1$）或不接受（$y=0$）。

现在，我们希望构建一个模型，来预测用户接受报价使用我们的物流服务的可能性。因此报价是我们的一个特征，其他特征为距离，起始地点，目标地点以及特定的用户数据。模型的输出是 $p(y=1)$。

在线学习的算法与随机梯度下降算法有些类似，我们对单一的实例进行学习，而非对一个提前定义的训练集进行循环。

Repeat forever（as long as the website is running）{

　　Get（x，y）corresponding to the current user

　　$\theta_j := \theta_j - \alpha(h_\theta(x) - y)x_j$

　　（for j = 0：n）

}

一旦对一个数据的学习完成了，我们便可以丢弃该数据，不需要再存储它了。这种方式的好处在于我们的算法可以很好地适应用户的倾向性，算法可以针对用户的当前行为不断地更新模型以适应该用户。

每次交互事件并不只产生一个数据集，例如，我们一次给用户提供 3 个物流选项，用户选择第 2 项，我们实际上可以获得 3 个新的训练实例，因而我们的算法可以一次从 3 个实例中学习并更新模型。

13.6　映射化简和数据并行

映射化简和数据并行对于大规模数据挖掘算法问题而言是非常重要的概念。之前提到，如果我们用批量梯度下降算法来求解大规模数据集的最优解，我们需要对整个训练集进行循环，计算偏导数和代价，再求和，计算代价非常大。如果我们能够将我们的数据集分配给多台计算机，让每一台计算机处理数据集的一个子集，然后我们将计算的结果汇总再求和，这样的方法叫做映射简化。

具体而言，如果任何学习算法能够表达为对训练集的函数的求和，那么便能将这个任务分配给多台计算机（或者同一台计算机的不同 CPU 核心），以达到加速处理的目的。

例如，我们有 400 个训练实例，我们可以将批量梯度下降的求和任务分配给 4 台计算机进行处理：

计算机编号	样本数量	计 算	结 果
1	1~100	$temp^{(1)} = \sum_{i=1}^{100}(h_\theta(x^i) - y^i)x_j^i$	
2	101 ~ 200	$temp^{(2)} = \sum_{i=101}^{200}(h_\theta(x^i) - y^i)x_j^i$	$\theta_j = \theta_j - \alpha\dfrac{1}{400}(temp^{(1)} + temp^{(2)} +$
3	201 ~ 300	$temp^{(3)} = \sum_{i=201}^{300}(h_\theta(x^i) - y^i)x_j^i$	$temp^{(3)} + temp^{(4)})$
4	301 ~ 400	$temp^{(4)} = \sum_{i=301}^{400}(h_\theta(x^i) - y^i)x_j^i$	

很多高级的线性代数函数库已经能够利用多核 CPU 的多个核心来平行地处理矩阵运算，这也是算法的向量化实现如此重要的缘故（比调用循环快）。

思考题与习题

13-1　简述随机梯度下降与梯度下降的区别。

13-2　随机梯度下降的步长选择方法有哪些?

13-3　微型批量梯度下降和随机梯度下降的求解思路分别是什么?

13-4　如何确定训练一个模型应该用多少训练数据?

13-5　在随机梯度下降算法中，α 取值的大小会产生什么影响?

13-6　映射化简和数据并行分别是什么?

第 14 章 数据挖掘算法的案例分析

教学要求：掌握数据预处理的分析方法；
　　　　　　掌握预测模型的构建过程；
　　　　　　熟悉 R 语言。

重　　点：数据变量的多种可视化分析方法；
　　　　　　基于回归树的预测建模方法。

难　　点：R 语言的编程。

第 14 章　课件

14.1　R 语言的简介

　　R 是属于 GNU 系统的一个自由、免费、源代码开放的软件，它是一个用于统计计算和统计制图的优秀工具。R 是一套完整的数据处理、计算和制图软件系统。其功能包括：数据存储和处理系统、数组运算工具、完整连贯的统计分析工具、优秀的统计制图功能、简便而强大的编程语言。

　　R 软件采用 R 语言编写。R 语言是由来自于美国的贝尔实验室 John Chambers 和他的团队在 S 语言的基础上开发的，与 S 语言具有非常强的相似性。由于其鲜明的特色，R 语言在国外发展迅速，其扩展包涉及领域广泛，如统计、化学、经济、生物、医学、心理、社会等各个学科等。国外不同类型的公司，比如 Google、辉瑞、默克、万方数据、美国银行和壳牌公司都在使用它。

　　R 语言具有十分强大的统计功能，非常适用于数据挖掘领域。在 R 中，大多数的统计功能都会以包的形式提供给用户，通过这些成熟的包，用户可以完成各种各样的数据挖掘任务。一些常见的 R 语言包见表 14-1。

表 14-1　常见的 R 语言包

类　型	常用的包	其他程序包	
聚类	fpc, cluster, pvclust, mclust	基于划分的方法	kmeans, pam, pamk, clara
		基于层次的方法	hclust, pvclust, agnes, diana
		基于模型的方法	mclust
		基于密度的方法	dbscan
		基于画图的方法	plotcluster, plot. hclust
		基于验证的方法	cluster. stats

续表 14-1

类　型	常　用　的　包		其他程序包
分类	party，rpartOrdinal，tree，marginTree，maptree，survival	决策树	rpart，ctree
		随机森林	cforest，randomForest
		回归	glm，predict，residuals
		生存分析	survfit，survdiff，coxph
关联规则与频繁项集	arules（支持挖掘频繁项集，最大频繁项集，频繁闭项目集和关联规则）	APRIORI 算法，广度 RST 算法	apriori，drm
		ECLAT 算法	eclat
序列模式	arulesSequences	SPADE 算法	cSPADE
时间序列	timsac	时间序列构建函数	ts
		成分分解	decomp，decompose，stl，tsr
统计	Base R，nlme	方差分析	aov，anova
		密度分析	density
		假设检验	t. test，prop. test，anova，aov
		线性混合模型	lme
		主成分分析和因子分析	princomp
图表	条形图	barplot	其他图	str
plot，sunflowerplot，interaction. plot，matplot，fourfoldplot，assocplot，mosaicplot
	饼图	pie		
	散点图	dotchart		
	直方图	hist		
	密度图	densityplot		
	箱形图	boxplot	保存的图表格式	pdf，postscript，win. metafile，jpeg，bmp，png
	QQ 图	qqnorm，qqplot，qqline		
	双变量图	coplot		
	树	rpart		
	平行坐标	parallel，paracoor，parcoord		
	热图	contour，filled. contour		
数据操作	缺失值	na. omit	aggregate，merge，reshape	
	变量标准化	scale		
	变量转置	t		
	抽样	sample		
	堆栈	stack，unstack		
与数据挖掘软件Weka 做接口	RWeka（通过这个接口，可以在 R 中使用 Weka 的所有算法）		
人工神经网络	nnet		
支持向量机SVM	e1071		
核函数	kernlab		
制作分位箱图	Hmisc		
绘制图形	qplot，ggplot2		

14.2 案例：基于回归树预测海藻数量及分析水样化学参数

14.2.1 挖掘目标的提出

近年来随着全球经济的快速发展，环境污染问题也日益严重。其中，水污染问题已成为全世界最为突出的生态环境问题之一，由水体的富营养化和污染导致藻类水华爆发的现象时常发生。如何有效避免水体富营养化，协助综合治理水体富营养化，也成为当前研究重点。

本案例采用回归树来建模，根据化学特性构建一个能准确预测有害海藻数量的数学模型。利用该模型不仅能够有效抑制有害海藻数量爆发、预防水华现象的产生，还能够解决水体富营养化问题，以提高河流质量、保护水生生态平衡。

实现的挖掘目标包括：

（1）运用 R 语言对数据进行分析处理，以各水质水样化学参数作为输入变量构建回归树模型，准确地预测有害海藻的数量。

（2）采用逆向学习的思想，以某些水样化学参数和有害海藻数量为输入变量建立回归树模型，以预测其他水样化学参数。

14.2.2 模型数据的分析

本案例的数据来自 UCI 数据库，其中训练水样样本为 200 个，测试水样样本为 110 个。每一个水样样本为英国某河流流域在某一季节即三个月内收集水样的平均值。每条水样样本包括收集水样的季节、河流大小、河流流速、八个水样化学参数以及海藻数量，其中八个水样化学参数包括最大 pH 值（mxpH）、最小含氧量（mnO$_2$）、平均氯化物含量（Cl）、平均硝酸盐含量（NO$_3$）、平均氨含量（NH$_4$）、平均正磷酸盐含量（oPO$_4$）、平均磷酸盐含量（PO$_4$）、平均叶绿素含量（Chla）。

```
File file = new File("F://data.xls");
Workbook workbook = Workbook.getWorkbook(file);
Sheet sheet = workbook.getSheet(0);
for(int i = 0;i<200;i++){
        dataSample = new DataSample();
        //依次从 Excel 中添加水样信息
        dataSampleList.add(dataSample);
}
workbook.close();
```

根据上述程序思路，可从 Excel 中有序获取所需数据。

14.2.2.1 水样化学参数分析

（1）获取数据统计特征。summary（algae），根据程序语句 summary（algae）可以获取数据如下描述性统计摘要，如图 14-1 所示。

分析可得，在冬季采集的数据样本略多于其他季节，河流大小比较大部分是中小河

```
     season          size           speed          mxPH
 autumn:40     large :45      high  :84     Min.   :5.600
 spring:53     medium:84      low   :33     1st Qu.:7.700
 summer:45     small :71      medium:83     Median :8.060
 winter:62                                  Mean   :8.012
                                            3rd Qu.:8.400
                                            Max.   :9.700
                                            NA's   :1

        mnO2               Cl                 NO3
 Min.   : 1.500    Min.   :  0.222    Min.   : 0.050
 1st Qu.: 7.725    1st Qu.: 10.981    1st Qu.: 1.296
 Median : 9.800    Median : 32.730    Median : 2.675
 Mean   : 9.118    Mean   : 43.636    Mean   : 3.282
 3rd Qu.:10.800    3rd Qu.: 57.824    3rd Qu.: 4.446
 Max.   :13.400    Max.   :391.500    Max.   :45.650
 NA's   :2         NA's   :10         NA's   :2

        NH4               oPO4               PO4
 Min.   :    5.00   Min.   :  1.00    Min.   :  1.00
 1st Qu.:   38.33   1st Qu.: 15.70    1st Qu.: 41.38
 Median :  103.17   Median : 40.15    Median :103.29
 Mean   :  501.30   Mean   : 73.59    Mean   :137.88
 3rd Qu.:  226.95   3rd Qu.: 99.33    3rd Qu.:213.75
 Max.   :24064.00   Max.   :564.60    Max.   :771.60
 NA's   :2          NA's   :2         NA's   :2

        Chla               a1
 Min.   :  0.200   Min.   : 0.00
 1st Qu.:  2.000   1st Qu.: 1.50
 Median :  5.475   Median : 6.95
 Mean   : 13.971   Mean   :16.92
 3rd Qu.: 18.308   3rd Qu.:24.80
 Max.   :110.456   Max.   :89.80
 NA's   :12
```

图 14-1　统计摘要显示

流，而河流流速大部分为中高速。此外，R 提供了各个水样化学参数的中位数、四分位数和极值等数值。在各个水样化学参数有缺失的情况下，R 还提供了缺省值数据个数。

（2）采用直方图对水样化学参数进行分析。

```
library(car)
par(mfrow=c(1,2))
hist(algae$mxPH,prob=T,xlab=' ',main='Histogram of maximum pH value',ylim=0:1)
lines(density(algae$mxPH,na.rm=T))
qqPlot(algae$mxPH,main='Normal QQ plot of maximum pH')
par(mfrow=c(1,1))
```

首先，通过上述程序对水样化学参数最大 pH 值进行了分析，可以得到水样化学参数最大 pH 值直方图（图 14-2），其中水样化学参数最大 pH 值的分布接近于正态分布，该参数数值大多聚集于均值周围，有两个离群点，离群点较小。图 14-3 为水样化学参数最大 pH 值的 Q-Q 图，绘制了水样化学参数最大 pH 值和正态分布的分位数。同时，用线绘出了正态分布的 95% 的置信区间。由图 14-3 可得两个离群点，即有两个数值显著低于其他值，它可以帮助定位错误值和后续分析中需剔除的错误值。

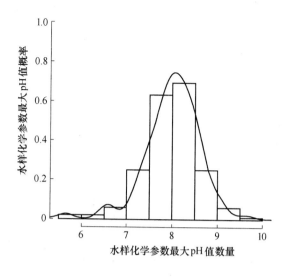

图 14-2　水样化学参数最大 pH 值直方图

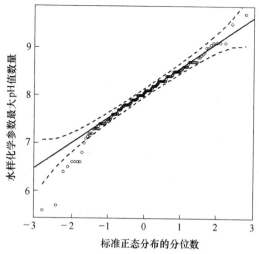

图 14-3　水样化学参数最大 pH 值 $Q\text{-}Q$ 图

　　进一步，对于其他七个水样化学参数进行分析，发现其他水样化学参数均不符合正态分布。如图 14-4 和图 14-5 所示，以水样化学参数最小 O_2 为例，其最小 O_2 数量和标准正态分布的分位数散点并非近似地分布在一条直线附近。

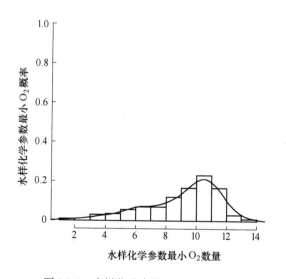

图 14-4　水样化学参数最小 O_2 直方图

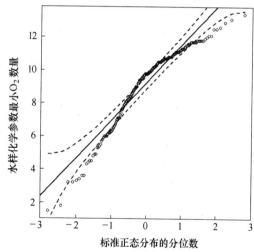

图 14-5　水样化学参数最小 O_2 $Q\text{-}Q$ 图

（3）采用箱图对水样化学参数进行分析。

```
boxplot(algae$oPO4,ylab="Orthophosphate(oPO4)",main='水样化学参数 oPO4 箱图')
rug(jitter(algae$oPO4),side=2)
abline(h=mean(algae$oPO4,na.rm=T),lty=2)
```

通过箱图能够快速提供水样化学参数数量分布的一些关键属性，还能够给出大量的信息，不仅给出了水样化学参数数量的中心趋势，也给出水样化学参数数量的发散情况。

根据上述程序可以实现箱图对水样化学参数平均 PO_4 的分析，图 14-6 是水样化学参数平均 PO_4 箱图，箱图框的上边界代表水样化学参数平均 PO_4 的第一个四分位数，下边界代表水样化学参数平均 PO_4 的第三个四分位数，箱图框内的水平线为参数平均 PO_4 中位数。设 r 是水样化学参数平均 PO_4 数量的四分位距，箱图上方的小横线是小于或等于第三个四分位数加 $1.5 \times r$ 的最大水样化学参数平均 PO_4 数量，而箱图下方的小横线是大于或等于第一个四分位数减去 $1.5 \times r$ 的最小水样化学参数平均 PO_4 数量。图中，在上方小横线上方和下方小横线下方的小圆圈即是与其他值相比特别大或特别小的数值，通常认其为离群值。

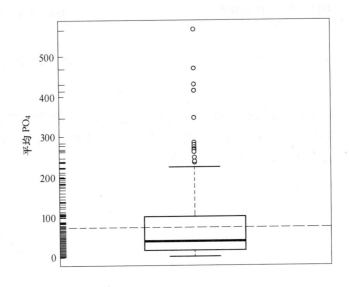

图 14-6　水样化学参数平均 PO_4 箱图

图 14-6 内水平虚线为水样化学参数平均 PO_4 均值，上述箱图将分位数值线与均值线进行比较，可知由于多个离群点的原因，使得水样化学参数平均 PO_4 的中心即均值产生扭曲。水样化学参数平均 PO_4 分布集中在较小的数值周围，大多数数值较低，小部分较高，因此分布为正偏。

```
plot( algae$oPO4, xlab = " ", ylab = " ", main = '水样化学参数 oPO4 数值')
abline( h = mean( algae$oPO4, na. rm = T), lty = 1)
abline( h = mean( algae$oPO4, na. rm = T) + sd( algae$oPO4, na. rm = T), lty = 2)
abline( h = median( algae$oPO4, na. rm = T), lty = 3)
```

通过上述程序可得图 14-7 的结果，图 14-7 绘制了水样化学参数平均 PO_4 所有值，最上方的水平虚线为均值加上一个标准差，中间的水平实线为均值，最下方的水平虚线为中位数，通过上述的三条水平线可以更容易识别出离群点。

图 14-8 给出了所有水样化学参数的箱图分析结果，并由此得到表 14-2。

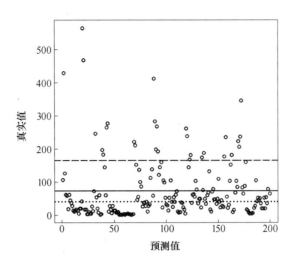

图 14-7　水样化学参数平均 PO_4 数值

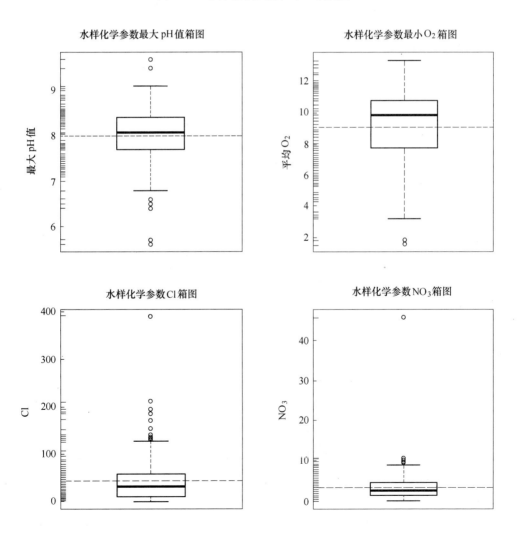

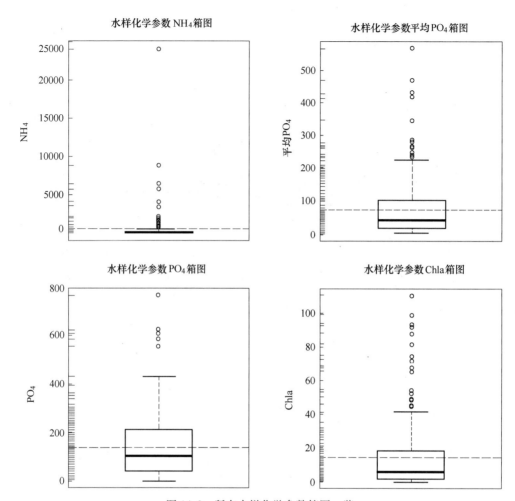

图 14-8　所有水样化学参数箱图一览

表 14-2　水样化学参数箱图分析

水样化学参数	中位数均值距离	离群点	数值分布
最大 pH 值	较小	较多	均匀
最小 O_2	较大	较少	均匀
Cl	较大	较多	正偏
NO_3	略大	较多	正偏
NH_4	较小	较多	正偏
平均 PO_4	较大	很多	正偏
PO_4	略大	较多	正偏
Chla	较大	很多	正偏

14.2.2.2　海藻数量分析

（1）海藻数量条件箱图。

```
library(lattice)
bwplot(size~a1,data=algae,ylab="河流大小",xlab='海藻数量',main='海藻数量条件箱图')
```

通过上述程序可得海藻数量条件箱图，如图 14-9 所示。在规模较小的流域中，海藻数量的频率较高。

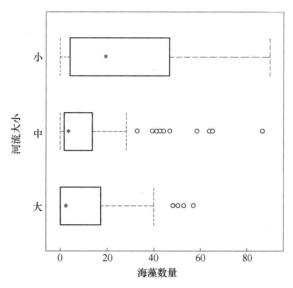

图 14-9　海藻数量-河流大小条件箱图

（2）海藻数量条件分位数箱图。

```
library(Hmisc)
bwplot(size~a1,data=algae,panel=panel.bpplot,
probs=seq(.01,.411,by=.01),
datadensity=TRUE,ylab="河流大小",xlab='海藻数量',main='海藻数量条件分位数箱图')
```

通过上述程序可得海藻数量条件箱图，如图 14-10 所示。其中，竖线分别代表海藻数

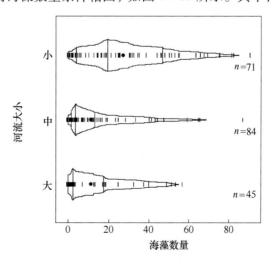

图 14-10　海藻数量-河流大小条件分位数箱图

量数值的第一个分位数、中位数和第三个分位数；小竖线代表每一个水样海藻数量数值。由图可得：小型河流流域有更高频率的海藻数量，即海藻数量更大，但小型河流流域的海藻频率的分布较于其他流域更为分散。

进一步给出了海藻数量-河流季节分位数箱图和海藻数量-河流流速分位数箱图，如图 14-11 和图 14-12 所示。分析可得，四个季节的河流流域海藻数量相差不大，但秋季河流流域的海藻频率的分布较于其他流域更为分散。流速较大的河流流域海藻数量较大，且流速为中高的河流流域的海藻频率的分布较于流速较低的河流流域更为分散。

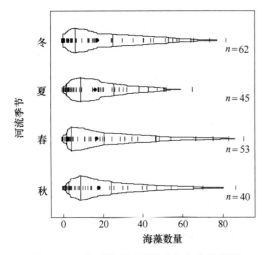

图 14-11　海藻数量-河流季节分位数箱图

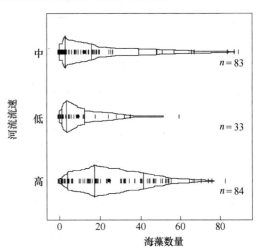

图 14-12　海藻数量-河流流速分位数箱图

14.2.2.3　影响海藻数量的主要因素

为了获取影响海藻数量的主要因素，计算水样化学参数和海藻数量卡方值 χ_L^2，现将 χ_L^2 按从大到小排列，输出结果见表 14-3。

表 14-3　水样化学参数-海藻数量的卡方值

输入水样化学参数	卡方值
PO_4	73.31
NH_4	65.04
平均 PO_4	61.73
Cl	44.60
Chla	35.27
NO_3	11.86
最小 O_2	7.11
最大 pH 值	1.36

通常水体富营养化现象指水体内所含氮（N）和磷（P）等营养物质大量增加。而由表 14-3 中也可看出，影响海藻数量的主要因素为 NH_4、平均 PO_4 和 PO_4，与实际相符。为此，可采取降低水体氮磷含量的措施，以控制有害海藻疯长的目的。

14.2.3 建模与仿真

14.2.3.1 模型的建立

本案例采用软件 R 中 rpart 添加包来建立回归树模型。rpart 添加包是官方推荐的一个包，它的功能就是实现递归分割和回归树。用封装好的添加包，无需编写冗长代码，操作者只需编写简单程序即可实现预定目标。

建立的回归树模型过程如下：

（1）将训练样本数据加载到 R。

```
getwd()//获取当前路径
algae<-read. table('Analysis. data. handle. txt',
header=F,
dec='. ',
col. names=c('season','size','speed','mxpH','mnO2','Cl',
'NO3','NH4','oPO4','PO4','Chla','a1'),
na. strings=c('××××××'))
```

把文件下载到一个指定目录后，通过上述程序段就可以把文本文件"Analysis. data. handle. txt"中的数据加载到 R 中，便于后续分析建模。其中，第三行 header=F 表示要读的文件第一行不包括变量名，第四行 dec='. '表示数值使用'. '字符分隔小数位。将每列数据读取，依次记为'season'、'size'、'speed'、'mxpH'、'mnO2'、'Cl'、'NO3'、'NH4'、'oPO4'、'PO4'、'Chla'和'a1'。

（2）建立回归树模型。

```
library(rpart)
data(algae)
algae<-algae[-manyNAs(algae),]
rt. a1<-rpart(a1~. ,data=algae[,1∶11])
prettyTree(rt. a1)
printcp(rt. a1)
```

加载 R 软件中的 rpart 添加包，rpart 包中已封装好实现函数，可以实现回归树模型的建立。rt. a1 即为利用 rpart 添加包所建立的回归树模型。

使用 rpart 添加包构建树，在构建树的过程中，当给定条件满足时构建过程就停止。当下列条件满足时，构建树的过程将结束：1）偏差的减少小于某一个给定界限时；2）当结点中的样本数量小于某个给定界限时；3）当树的深度大于一个给定的界限值。上面 3 个界限值分别由 rpart 添加包的三个参数（cp、minsplit、maxdept）来确定。本案例中使用默认参数，其值分别为 0.01、20 和 30。其中，cp 全称为 complexity parameter，指某个点的复杂度，使用 rpart 添加包，对每一步拆分，模型的拟合优度必须提高的程度，用来节省剪枝浪费的不必要的时间。

通过函数 plot（）和函数 text（）对树对象进行绘制，同时也可以使用 prettyTree（）对图形进行绘制，本案例使用 prettyTree（），得到形象的可视化回归树模型。通过 printcp （rt. a1）语句实现了复杂度损失修剪的剪枝方法，呈现出八个建议树和一个初始树。通过计算每个树结点参数值 cp，试图估计 cp 值以确保达到预测的准确性和树的大小之间的最佳折中。通过在之前使用 rpart（）函数构建好的回归树，R 软件可以自动生成这棵树的一些子树，并估计这些树的性能。

（3）将测试样本数据加载到 R。

```
test. algae<-read. table( 'Predict. data. handle. txt',
header = F,
dec = '. ',
col. names = c( 'season','size','speed','mxpH','mnO2','Cl',
'NO3','NH4','oPO4','PO4','Chla','a1','a2','a3','a4',
'a5','a6','a7'),
na. strings = c( '××××××') )
```

通过上述程序段就可以把文本文件"Predict. data. handle. txt"中的数据加载到 R 中，便于后续分析建模。类似于获取训练样本数据的方法，获取测试样本数据组成预测样本矩阵。

（4）使用回归树模型对数据进行预测。

```
rt2. a1 = prune( rt. a1 ,cp = 0. 030)
prettyTree( rt2. a1)
rt. predictions. a1<-predict( rt2. a1 ,test. algae)
( mae. a1. rt<-mean( abs( rt. predictions. a1-test. algae[ ,"a1" ])))
( mse. a1. rt<-mean( ( rt. predictions. a1-test. algae[ ,"a1" ])^2))
( nmse. a1. rt<-mean( ( rt. predictions. a1-test. algae[ ,"a1" ])^2)/
mean( ( mean( test. algae[ ,'a1' ])-test. algae[ ,"a1" ])^2))
```

prune（rt. a1, cp）根据该语句可以限定 cp 值的大小对回归树进行剪枝，建立最终树，以 NMSE 为评估标准选出最优最终树。在此基础上，利用建好的最终回归树模型对数据集进行预测，并通过 MAE、MSE、NMSE 值显示预测效果。

14.2.3.2 仿真结果

（1）预测海藻数量的仿真结果。利用 rpart 添加包建立的初始回归树模型如图 14-13 所示，其中带 ∗ 号即为叶结点。进一步给出了形象的可视化回归树模型如图 14-14 所示。

通过 printcp（rt. a1）语句后执行结果如图 14-15 所示，其中 cp 值为 0. 01 是建立的初始树模型。如图 14-16 所示，从左到右，从上到下依次是 1~9 回归树模型。

通过寻找建模评估标准 NMSE 值最小的回归树模型以确定最终 cp 值。本案例中选择 cp 值为 0. 03 建立最终回归树模型如图 14-17 和图 14-18 所示。

图 14-19 展示了采用 rpart 添加包建立回归树模型预测海藻数量的结果。其中，点划线为测试样本的实际值，实线为测试样本的预测值。可以看出，R 在每个结点处都提供相关信息。在标号为 1 的根结点处有 198 个水样，海藻数量的平均值为 16. 99，相对平均值的偏差为 90401. 29。分析可得，采用 rpart 添加包建模结果基本能预测海藻数量的趋势，但在数值较大的情况下误差略大。

```
n= 198
node), split, n, deviance, yval * denotes terminal node
 1) root 198 90401.290 16.996460
   2) PO4>=43.818 147 31279.120  8.979592
     4) Cl>=7.8065 140 21622.830  7.492857
       8) oPO4>=51.118 84  3441.149  3.846429 *
       9) oPO4< 51.118 56 15389.430 12.962500
        18) mnO2>=10.05 24  1248.673  6.716667 *
        19) mnO2< 10.05 32 12502.320 17.646870
          38) NO3>=3.1875 9   257.080  7.866667 *
          39) NO3< 3.1875 23 11047.500 21.473910
            78) mnO2< 8 13  2919.549 13.807690 *
            79) mnO2>=8 10  6370.704 31.440000 *
     5) Cl< 7.8065 7  3157.769 38.714290 *
   3) PO4< 43.818 51 22442.760 40.103920
     6) mxPH< 7.87 28 11452.770 33.450000
      12) mxPH>=7.045 18  5146.169 26.394440 *
      13) mxPH< 7.045 10  3797.645 46.150000 *
     7) mxPH>=7.87 23  8241.110 48.204350
      14) PO4>=15.177 12  3047.517 38.183330 *
      15) PO4< 15.177 11  2673.945 59.136360 *
```

图 14-13 初始回归树模型结果

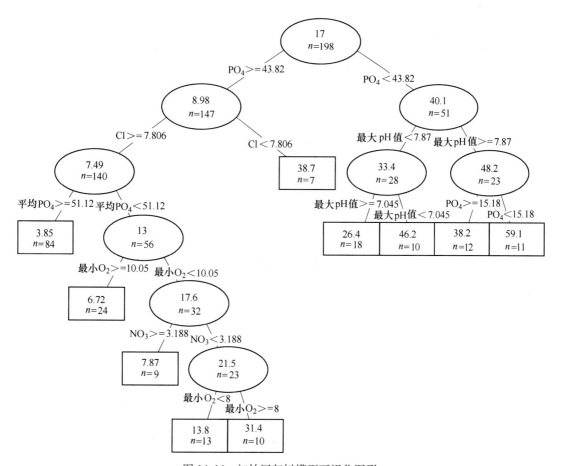

图 14-14 初始回归树模型可视化图形

```
Regression tree:
rpart(formula = a1 ~ ., data = algae[, 1:12])

Variables actually used in tree construction:
[1] Cl   mnO2 mxPH NO3  oPO4 PO4

Root node error: 90401/198 = 456.57

n= 198

        CP nsplit rel error  xerror     xstd
1 0.405740      0   1.00000 1.00938 0.13062
2 0.071885      1   0.59426 0.78966 0.11971
3 0.030887      2   0.52237 0.72615 0.11713
4 0.030408      3   0.49149 0.71844 0.11751
5 0.027872      4   0.46108 0.71844 0.11751
6 0.027754      5   0.43321 0.71534 0.11733
7 0.018124      6   0.40545 0.70781 0.11301
8 0.016344      7   0.38733 0.71936 0.10792
9 0.010000      9   0.35464 0.72638 0.10836
```

图 14-15　复杂度损失修剪建议结果

图 14-16　复杂度损失修剪建议回归树模型

```
n= 198

node), split, n, deviance, yval
      * denotes terminal node

1) root 198 90401.290 16.996460
  2) PO4>=43.818 147 31279.120  8.979592
    4) Cl>=7.8065 140 21622.830  7.492857
      8) oPO4>=51.118 84  3441.149  3.846429 *
      9) oPO4< 51.118 56 15389.430 12.962500 *
    5) Cl< 7.8065 7  3157.769 38.714290 *
  3) PO4< 43.818 51 22442.760 40.103920
    6) mxPH< 7.87 28 11452.770 33.450000 *
    7) mxPH>=7.87 23  8241.110 48.204350 *
```

图 14-17 最终回归树模型

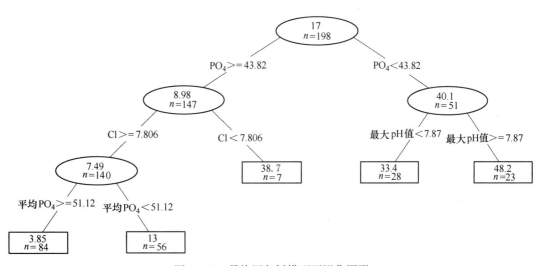

图 14-18 最终回归树模型可视化图形

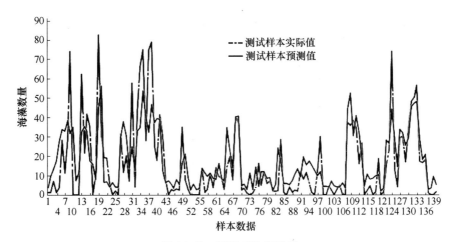

图 14-19 预测对比折线图

（2）水样化学参数的仿真结果。为了分析水样化学参数，本案例采用逆向学习的思想，即在一般情况下假设输入变量为 x_1、x_2、x_3、x_4，输出变量为 y，逆向情况输入变量则为 x_1、x_2、x_3、y，输出变量为 x_4。即将正向学习中的一个输入假设为输出，正向学习中的输出作为其中一个输入变量进行分析。

这里以水样化学参数 PO_4 和平均 PO_4 为例，将其作为输出变量进行分析。

1）水样化学参数 PO_4 的仿真结果。采用 rpart 添加包建立回归树模型预测水样化学参数 PO_4，输入变量为 mxpH、mnO2、Cl、NO3、NH4、oPO4 和 Chla，输出是水样化学参数 PO4。回归树建模情况如图 14-20 和图 14-21 所示。

```
n=197 (1 observation deleted due to missingness)

node), split, n, deviance, yval
      * denotes terminal node

 1) root 197 3.262534e+06 138.51090
   2) oPO4< 84.9 144 6.032297e+05  79.44826
     4) oPO4< 22.722 66 6.192098e+04  30.08914 *
     5) oPO4>=22.722 78 2.444522e+05 121.21370
      10) Chla< 59.4 75 1.641106e+05 114.79750
      11) Chla>=59.4 3 6.437655e+01 281.61900 *
   3) oPO4>=84.9 53 7.921542e+05 298.98320
     6) oPO4< 279.5085 47 1.452824e+05 261.90830
      12) oPO4< 237.3 41 7.558006e+04 248.51640 *
      13) oPO4>=237.3 6 1.210373e+04 353.41930 *
     7) oPO4>=279.5085 6 7.620662e+04 589.40280 *
```

图 14-20　预测水样化学参数 PO_4

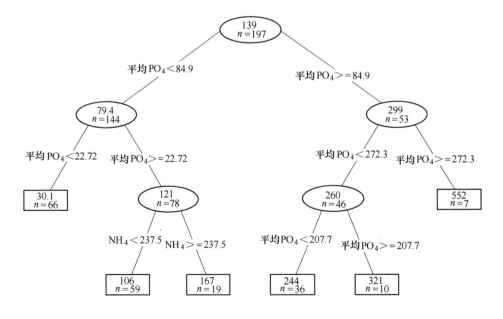

图 14-21　预测水样化学参数 PO_4 的可视化图形

图 14-22 为测试样本运用 rpart 添加包建立回归树模型预测水样化学参数 PO_4 对比折线图，可以看出，rpart 添加包建立的回归树模型总体预测结果较好，能够较为准确的预测出化学参数 PO_4 的数量。

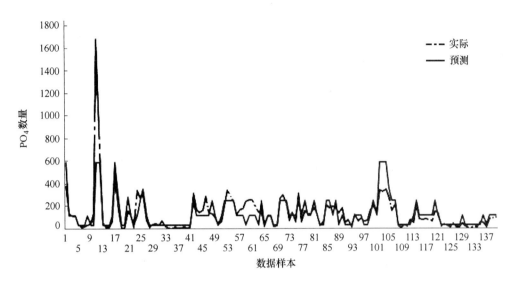

图 14-22　水样化学参数 PO_4 预测对比折线图

2）水样化学参数平均 PO_4 的仿真结果。采用 rpart 添加包建立回归树模型预测水样化学参数平均 PO_4，输入变量为 mxpH、mnO2、Cl、NO3、NH4、oPO4 和 Chla，输出是水样化学参数 oPO4。回归树建模情况如图 14-23 和图 14-24 所示。

```
n= 198

node), split, n, deviance, yval
      * denotes terminal node

 1) root 198 1636252.000  73.59060
   2) PO4< 212.3335 147   111688.800  32.63053
     4) PO4< 64.175 71      8596.609  12.39565 *
     5) PO4>=64.175 76     46862.780  51.53417 *
   3) PO4>=212.3335 51    567075.000 191.65200
     6) PO4< 374.5835 43   152063.700 156.82290
      12) PO4< 299.6665 34   91908.140 139.42140 *
      13) PO4>=299.6665 9    10965.340 222.56190 *
     7) PO4>=374.5835 8     82479.550 378.85840
      14) size=large,medium 5  16602.260 314.00340 *
      15) size=small 3        9795.062 486.95000 *
```

图 14-23　预测水样化学参数平均 PO_4

图 14-25 为测试样本运用 rpart 添加包建立回归树模型预测水样化学参数平均 PO_4 对比折线图，可以看出回归树模型对于化学参数平均 PO_4 的预测效果同样较好。因此，通过逆向学习建模，能够顺利完成全部水质水样化学参数的检测。

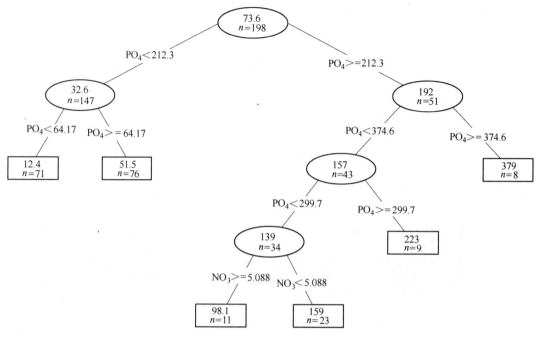

图 14-24　预测水样化学参数平均 PO_4 的可视化图形

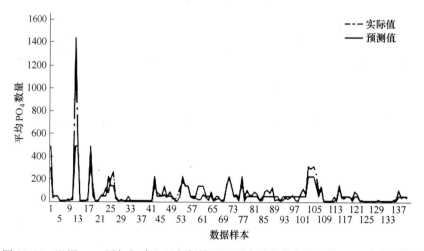

图 14-25　运用 rpart 添加包建立回归树模型预测水样化学参数平均 PO_4 对比折线图

14.2.4　编程代码

//将训练样本数据加载到 R

getwd( )

algae<-read. table('Analysis. data. handle. txt', h eader=F, dec='. ',

col. names=c('season', 'size', 'speed', 'mxpH', 'mnO2', 'Cl',

'NO3', 'NH4', 'oPO4', 'PO4', 'Chla', 'a1', 'a2', 'a3', 'a4', 'a5', 'a6', 'a7'),

na. strings=c('××××××'))

//获取数据统计特征

summary(algae)

//采用直方图对水样化学参数进行分析

```
library(car)
par(mfrow=c(1,2))
hist(algae$mxpH,prob=T,xlab='水样化学参数 mxpH 数量',ylab='水样化学参数 mxpH 概率',
main='水样化学参数 mxpH 直方图',ylim=0:1)
lines(density(algae$mxpH,na.rm=T))
qqPlot(algae$mxpH,xlab='标准正态分布的分位数',ylab='水样化学参数 mxpH 数量',main='水样化学
参数 mxpHQ-Q 图')
par(mfrow=c(1,1))
```

//采用箱图对水样化学参数进行分析

```
boxplot(algae$NH4,ylab="Orthophosphate(NH4)",main='水样化学参数 NH4 箱图')
rug(jitter(algae$NH4),side=2)
abline(h=mean(algae$NH4,na.rm=T),lty=2)
boxplot(algae$Cl,ylab="Orthophosphate(Cl)",main='水样化学参数 Cl 箱图')
rug(jitter(algae$Cl),side=2)
abline(h=mean(algae$Cl,na.rm=T),lty=2)
boxplot(algae$oPO4,ylab="Orthophosphate(PO4)",main='水样化学参数 PO4 箱图')
rug(jitter(algae$PO4),side=2)
abline(h=mean(algae$PO4,na.rm=T),lty=2)
boxplot(algae$oPO4,ylab="Orthophosphate(oPO4)",main='水样化学参数 oPO4 箱图')
rug(jitter(algae$oPO4),side=2)
abline(h=mean(algae$oPO4,na.rm=T),lty=2)
```

//绘制水样化学参数 oPO_4 数值图

```
plot(algae$oPO4,xlab="",ylab="",main='水样化学参数 oPO4 数值')
abline(h=mean(algae$oPO4,na.rm=T),lty=1)
abline(h=mean(algae$oPO4,na.rm=T)+sd(algae$oPO4,na.rm=T),lty=2)
abline(h=median(algae$oPO4,na.rm=T),lty=3)
```

//绘制海藻数量-河流大小条件箱图

```
library(lattice)
bwplot(size~a1,data=algae,ylab="河流大小",xlab='海藻数量',main='海藻数量条件箱图')
```

//绘制海藻数量-河流大小条件分位数箱图

```
library(Hmisc)
bwplot(size~a1,data=algae,panel=panel.bpplot,probs=seq(.01,.49,by=.01),
datadensity=TRUE,ylab="河流大小",xlab='海藻数量',main='海藻数量条件分位数箱图')
```

//建立回归树模型

```
library(rpart)
library(DMwR)
data(algae)
algae<-algae[-manyNAs(algae),]
rt.a1<-rpart(a1~.,data=algae[,1:12])
prettyTree(rt.a1)
printcp(rt.a1)
```

//使用回归树模型对数据进行预测

```
(rt.a1<-rpartXse(a1~.,data=algae[,1:12]))
rt.predictions.a1<-predict(rt.a1,algae)
(mae.a1.rt<-mean(abs(rt.predictions.a1-algae[,"a1"])))
(mse.a1.rt<-mean((rt.predictions.a1-algae[,"a1"])^2))
(nmse.a1.rt<-mean((rt.predictions.a1-algae[,"a1"])^2)/
    mean((mean(algae[,'a1'])-algae[,"a1"])^2))
```

//模型的评价与选择部分

```
cv.rpart<-function(form,train,test,…){
m<-rpartXse(form,train,…)
p<-predict(m,test)
mse<-mean((p-resp(form,test))^2)
c(nmse=mse/mean((mean(resp(form,train))-resp(form,test))^2))
}
cv.rf<-function(form,train,test,…){
m<-randomForest(form,train,…)
p<-predict(m,test)
mse<-mean((p-resp(form,test))^2)
c(nmse=mse/mean((mean(resp(form,train))-resp(form,test))^2))
}
clean.algae<-knnImputation(algae,k=10)
DSs<-sapply(names(clean.algae)[12:18],
    function(x,names.attrs){
    f<-as.formula(paste(x,"~."))
    dataset(f,clean.algae[,c(names.attrs,x)],x)
    },
    names(clean.algae)[1:11])
library(randomForest)
res.all<-experimentalComparison(
    DSs,
    c(variants('cv.rpart',se=c(0,0.5,1)),
    variants('cv.rf',ntree=c(200,500,700))
    ),
    cvSettings(5,10,1234))
```

//找到最好的模型

```
bestScores(res.all)
bestModelsNames<-sapply(bestScores(res.all),function(x)x['nmse','system'])
learners<-c(rf='randomForest',rpart='rpartXse')
funcs<-learners[sapply(strsplit(bestModelsNames,'\\.'),
    function(x)x[2])]
parSetts<-lapply(bestModelsNames,function(x)getVariant(x,res.all)@pars)
bestModels<-list()
for(a in 1:7){
form<-as.formula(paste(names(clean.algae)[11+a],'~.'))
bestModels[[a]]<-do.call(funcs[a],c(list(form,clean.algae[,c(1:11,11+a)]),parSetts[[a]]))
}
```

//将测试样本数据加载到 R

```
test.algae<-read.table('Predict.data.handle.txt',
header=F,
dec='.',
col.names=c('season','size','speed','mxpH','mnO2','Cl',
'NO3','NH4','oPO4','PO4','Chla'),
na.strings=c('××××××'))
```

//获得测试样本数据的预测值矩阵

```
clean.test.algae<-knnImputation(test.algae,k=10,distData=algae[,1:11])
preds<-matrix(ncol=7,nrow=140)
for(i in 1:nrow(clean.test.algae))
    preds[i,]<sapply(1:7,function(x)predict(bestModels[[x]],clean.test.algae[i,]))predsavg.preds
    <-apply(algae[,12:18],2,mean)apply(((algae.sols-preds)^2),2,mean)/apply((scale
    (algae.sols,avg.preds,F)^2),2,mean)
```

//以下为建立回归树模型主函数

```
public static void main(String[] args){
// TODO Auto-generated method stub
int seaWeedNumber=0;
```

//建立初始树

```
ArrayList<RegressionTree>regressionTreeList=new ArrayList<RegressionTree>();
DataRegressionTreeInit dataRegressionTreeInit=new DataRegressionTreeInit();
regressionTreeList=dataRegressionTreeInit.dataRegressionTreeInit(seaWeedNumber);
```

//输出初始回归树

```
DataRegressionTreeOutput dataRegressionTreeOutput=new DataRegressionTreeOutput();
dataRegressionTreeOutput.dataRegressionTreeOutputAfterInit(regressionTreeList);
```

//剪枝

DataRegressionTreePrun dataRegressionTreePrun = new DataRegressionTreePrun( ) ;
regressionTreeList = dataRegressionTreePrun. dataRegressionTreePrun(
regressionTreeList, seaWeedNumber) ;

//输出回归树

dataRegressionTreeOutput. dataRegressionTreeOutputAfterInit(regressionTreeList) ;
DataOutputExcelTest dataOutputExcel = new DataOutputExcelTest( ) ;
dataOutputExcel. dataOutputExcel(regressionTreeList, seaWeedNumber) ;
}

思考题与习题

14-1　在本章节案例所使用的水样信息中，有一些输入、输出变量含有缺失值，需要对其进行一定的预处理。结合相关资料，思考可以采用哪些预处理方法。

14-2　从 UCI 机器学习库获取一个数据集，如案例中所示，尝试用各种可视化技术分析数据集的特征。

14-3　回归树和决策树的区别是什么？

14-4　回归树中，数据集的划分规则是什么？

14-5　在构建回归树的过程中，如何实现剪枝过程？

参 考 文 献

[1] 朱明. 数据挖掘 [M]. 2版. 合肥：中国科学技术大学出版社，2008.

[2] 毛国君，段立娟，王实，等. 数据挖掘原理与算法 [M]. 2版. 北京：清华大学出版社，2007.

[3] 傅佳俐. 基于R语言的数据挖掘工具分析与设计 [D]. 青岛：山东科技大学，2011.

[4] 申彦. 大规模数据集高效数据挖掘算法研究 [D]. 镇江：江苏大学，2011.

[5] 梁亚生，徐欣，等. 数据挖掘原理、算法与应用 [M]. 北京：机械工业出版社，2011.

[6] 梁循. 数据挖掘算法与应用 [M]. 北京：北京大学出版社，2006.

[7] 李航. 统计学习方法 [M]. 北京：清华大学出版社，2011.

[8] 吴丰昌，孟伟，宋永会，等. 中国湖泊水环境基准的研究进展 [J]. 环境科学学报，2008，28（11）：2385~2393.

[9] Tan P, Steinbach M, Kumar V. Introduction to Data Mining [M]. Pearson Education, Inc., 2006.

[10] Torgo L. Data Mining with R: Learning with Case Studies [M]. CRC Press, 2011.

[11] Alpaydin E. Introduction to Machine Learning, Second Edition [M]. Massachusetts Institute of Technology, 2011.

[12] Cherkassky V, Mulier F. Learing from Data: Concepts, Theory, and Methods [M]. Wiley Interscience, 1998.

[13] Breiman L, Friedman J, Olshen R A. Classification and regression trees [M]. Belmont: Wadsworth, 1984.

[14] Haykin S. Neural Networks and Learning Machines, Third Edition [M]. Pearson Education, Inc., 2011.

[15] Han J, Kamber M, Pei J. Data Mining: Concepts and Techniques, Third Edition [M]. Morgan Kaufmann, 2011.

冶金工业出版社部分图书推荐

书　名	作　者	定价(元)
微机原理及接口技术习题与实验指导（高等教材）	董　洁　等主编	46.00
过程控制（高等教材）	彭开香　主编	49.00
工业自动化生产线实训教程（高等教材）	李　擎　等主编	38.00
自动检测技术（第 3 版）（高等教材）	李希胜　等主编	45.00
C#实用计算机绘图与 AutoCAD 二次开发基础（高等教材）	柳小波　编著	46.00
物理污染控制工程（第 2 版）（高等教材）	杜翠凤　等编著	46.00
职业卫生工程（高等教材）	杜翠凤　等编著	38.00
Quality Safety Monitoring and Stability Control for Hot Strip Mill Process	Dong Jie	86.00
等离子工艺与设备在冶炼和铸造生产中的应用	许小海　等译	136.00
解字与翻译	赵　纬　主编	76.00
散体流动仿真模型及其应用	柳小波　等编著	58.00
钢铁工业绿色工艺技术	于　勇　等编著	146.00
铁矿石优化配矿实用技术	许满兴　等编著	76.00
烧结节能减排实用技术	张天启　编著	89.00
稀土采选与环境保护	杨占峰　等编著	238.00
稀土永磁材料（上、下册）	胡伯平　等编著	260.00
中国稀土强国之梦	马鹏起　等主编	118.00
钕铁硼无氧工艺理论与实践	谢宏祖　编著	38.00
热轧生产自动化技术（第 2 版）	刘　玠　等编著	118.00
冷轧生产自动化技术（第 2 版）	孙一康　等编著	78.00
冶金企业管理信息化技术（第 2 版）	许海洪　等编著	68.00
稀土在低合金及合金钢中的应用	王龙妹　著	128.00
煤气安全作业应知应会 300 问	张天启　主编	46.00
智能节电技术	周梦公　编著	96.00
钢铁生产控制及管理系统	骆德欢　等主编	88.00
安全技能应知应会 500 问	张天启　主编	38.00
钢铁企业电力设计手册（上册）	本书编委会	185.00
钢铁企业电力设计手册（下册）	本书编委会	190.00
变频器基础及应用（第 2 版）	原　魁　等编著	29.00
走进黄金世界	胡宪铭　等编著	76.00